Diccionario de abreviaturas medicas

Para Peritos Judiciales.

José Joaquín Espinosa de los Monteros Sarmiento

DICCIONARIO DE CONSULTA DE ABREVIATURAS MEDICAS PARA PERITOS JUDICIALES.	2013

José Joaquín Espinosa de los Monteros Sarmiento

DICCIONARIO DE CONSULTA DE ABREVIATURAS MEDICAS PARA PERITOS JUDICIALES. | 2013

José Joaquín Espinosa de los Monteros Sarmiento

José Joaquín Espinosa de los Monteros Sarmiento.

© 2012 Grupo NT Iberíca.

1ª edición

ISBN: 978-1-291-25585-0

DL:

Impreso en España / Printed in Spain

Impreso por Lulu

Indice:

A	Pagína 7.	Q	Pagína 103.
B	Pagína 19.	R	Pagína 104.
C	Pagína 24.	S	Pagína 111.
D	Pagína 35.	T	Pagína 119.
E	Pagína 41.	U	Pagína 127.
F	Pagína 48.	V	Pagína 130.
G	Pagína 55.	W	Pagína 135.
H	Pagína 59.	X	Pagína 136.
I	Pagína 65.	Y	Pagína 137.
J	Pagína 71.	Z	Pagína 138.
K	Pagína 72.		
L	Pagína 73.		
M	Pagína 78.		
N	Pagína 84.		
O	Pagína 88.		
P	Pagína 92.		

José Joaquín Espinosa de los Monteros Sarmiento

A: Abdomen / Aborto / Aguas (meconiales)/ Analítica / Anestesia / Anexo/Antecedentes / Años / Aurícula.

A-: Prefijo negativo.

A00: Marcapasos con estimulación auricular asincrónica.

a. Ce.: Antes de la cena.

a. Co.: Antes de la comida.

a. De.: Antes del desayuno.

A. Gral.: Analítica general / Anestesia general.

a. m.: Ante meridiem (por la mañana).

AA: Abdomen agudo // Alcohólicos anónimos / Amenaza de aborto / Aminoácido / Anemia aplásica / Aorta abdominal / Aorta ascendente / Apendicitis aguda.

AAA: Aneurisma de aorta abdominal.

AAD: Arco aórtico derecho.

AAF: Aspiración con aguja fina.

AAI: Apéndice auricular izquierdo / Anticuerpo antiinsulina / Marcapasos con estimulación auricular inhibida a demanda.

AAINE: Analgésicos y antiinflamatorios no esteroideos.

AAIR: Marcapasos con estimulación auricular inhibida a demanda con respuesta de frecuencia.

AAN: Anticuerpos antinucleares.

AAP: Amputación abdominoperineal.

AAS: Ácido acetilsalicílico / Anemia aplásica severa.

AAT: Alfa-1-antitripsina / Anticuerpo antitiroglobulina.

AB: Abdomen / Adriamicina y bleomicina, quimioterapia / Antibiótico / Asma bronquial.

Ab: Antibody (anticuerpo).

Ab.: Ablación / Aborto.

Ab-: Prefijo que significa de o desde.

ABC: Actividades básicas cotidianas.

ABCD: Adriamicina, bleomicina, CCNU (lomustina) y dacarbacina, quimioterapia.

ABCP: Adriamicina, bleomicina, CCNU (lomustina) y metilprednisolona, quimioterapia.

ABD.: Abdomen / Abducción.

Abd. Bl.: Abdomen blando.

ABDI: Abdomen blando, depresible e indoloro.

ABDV: Adriamicina, bleomicina, dacarbacina y vinblastina, quimioterapia.

ABE: Adriamicina, bleomicina y etopó- sido, quimioterapia.

ABI: Ankle/brachial pressure index (Índice de presión brazo/tobillo).

ABO: Sistema de grupos sanguíneos

Aborto: Es la interrupción del embarazo antes de la viabilidad fetal (hasta 22semanas de gestación). Se produce la muerte del feto. Consiste en la expulsión o extracción de toda o parte de la placenta con o sin feto identificable de menos de 500 g o menos de 22 semanas completas de gestación. Se puede codificar como una enfermedad (634-639) o como un procedimiento (aborto provocado legal). Aborto diferido: Es la muerte fetal antes de completarse las 22 semanas del embarazo con retención del feto muerto.

ABS: Absceso.

ABT: Antibiótico.

ABV: Adriamicina, bleomicina y vinblastina, quimioterapia / Adriamicina, bleomicina y vincristina, quimioterapia.

ABVD: Actividades básicas de la vida diaria È Adriamicina, bleomicina, vinblastina y dacarbacina, quimioterapia.

ABVP: Adriamicina, bleomicina, vinblastina y prednisona, quimioterapia.

AC: Adenocarcinoma / Anticonceptivo / Arabinósido de citosina / Arteria carótida / Arteria coronaria / Arteria (coronaria) circunfleja / Auscultación cardiaca.

Ac: Anticuerpo.

ACÆ: Auscultación cardiaca normal.

ACA: Anticuerpos anticardiolipina.

ACD: Arteria carótida derecha / Arteria coronaria derecha.

ACE: Antígeno carcinoembrionario / Arteria carótida externa.

-aceae: Sufijo usado en bacteriología para la jerarquía Familia.

ACFA: Arritmia completa por fibrilación auricular. Se codifica fibrilación auricular.

ACFV: Adriamicina, ciclofosfamida, fluorouracilo y vincristina, quimioterapia.

ACG: Adjusted clinical groups (es un sistema de clasificación de pacientes ambulatorios) Ambulatory care groups (es un sistema de clasificación de pacientes ambulatorios) // Angiocardiografía / Arteritis de células gigantes.

ACI: Arteria carótida interna / Arteria carótida izquierda / Arteria coronaria izquierda.

ACID: Arteria carótida interna derecha. Ácido ascórbico: Vitamina C.

ACII: Arteria carótida interna izquierda.

ACL: Análisis clínicos (Servicio de).

Acl.: Aclaramiento

Aclar.: Aclaramiento

ACM: Arteria cerebral media.

ACMF: Adriamicina, ciclofosfamida, metotrexato y ácido folínico, quimioterapia.

AcMo: Anticuerpo monoclonal.

ACO: Acetilcolina / Anticoagulación / Anticoagulantes orales.

ACP: Arteria cerebral posterior / Auscultación cardiopulmonar.

AC-P: Auscultación cardiopulmonar.

ACR: Auscultación cardiorrespiratoria.

Acro-: Prefijo que indica relación con las extremidades o con una punta o extremo.

ACTH: Adrenocorticotrophic hormone (Hormona adrenocorticotropa). Es estimulante de la corteza suprarrenal. Actin(o)-: Prefijo que indica relación con un rayo o una radiación.

ACTP: Angioplastia coronaria transluminal percutánea.

Acu-: Prefijo que indica relación con las agujas.

ACV: Accidente cardiovascular / Accidente cerebrovascular / Angiología y cirugía vascular (Servicio de).

ACVA: Accidente cerebrovascular agudo.

ACVD: Actividades de la vida diaria.

ACVI: Accidente cerebrovascular isquémico.

ACxFA: Arritmia completa por fibrilación auricular. Se codifica fibrilación auricular.

AD: Aparato digestivo / Aurícula derecha / Axila derecha.

Ad-: Prefijo que significa a o hacía.

Ad lib: A voluntad, sin límite.

Ad libitum: A voluntad, sin límite.

ADA: Arteria (coronaria) descendente anterior / Adenosindesaminasa (prueba para el diagnóstico de tuberculosis).

ADAC: Altas dosis de arabinósido de citosina.

ADC: Adenilciclasa / Adenocarcinoma.

ADCC: Antibody-dependent cell-mediated cytotoxicity (Citotoxicidad mediada por células anticuerpodependiente).

Addis (Recuento de): Determinación de células en una muestra de orina de 12 horas.

Aden-: Prefijo que indica relación con una glándula.

Adenoca.: Adenocarcinoma.

Adenop.: Adenopatías.

ADEV: Adicto a drogas endovenosas.

ADH: Antidiuretic hormone (Hormona antidiurética o vasopresina).

ADI: Asistencia domiciliaria integral.

Adip(o)-: Prefijo que indica relación con la grasa.

ADIV: Adicto a drogas intravenosas.

ADM: Adriamicina.

ADN: Ácido desoxirribonucleico.

ADO: Antidiabético oral.

ADOC: Adriamicina, cisplatino, Oncovin (vincristina) y ciclofosfamida, quimioterapia.

ADOs: Antidiabéticos orales. Se debe escribir sin s final aunque sea en plural.

ADP: Adenopatía / Adenosine diphosphate (Difosfato de adenosina) / Arteria coronaria descendente posterior.

ADQ: Adquirido / Alta dosis de quimioterapia.

ADR: Adrenalina / Adriamicina.

Adren(o)-: Prefijo que indica relación con las glándulas suprarrenales.

ADT: Antidepresivos tricíclicos.

ADVP: Adicción a drogas vía parenteral.

AE: Antecedentes epidemiológicos.

AECC: Asociación Española contra el Cáncer.

AEG: Adecuado para la edad gestacional.

AEO: Arterioesclerosis obliterante.

AEP: Appropriateness evaluatión Protocol (Protocolo de evaluación de la adecuación de los ingresos o estancias hospitalarios).

Aero-: Prefijo que indica relación con aire o gas.

AF: Ácido fólico / Anemia de Fanconi / Antecedentes familiares/ Arteria femoral / Ataxia de Friedreich.

Afaquia: Ausencia de cristalino. Puede ser congénita o postraumática, pero generalmente es postoperatoria tras extirpación de una catarata.

ACG: Adjusted clinical groups (es un sistema de clasificación de pacientes ambulatorios) Ambulatory care groups (es un sistema de clasificación de pacientes ambulatorios) // Angiocardiografía / Arteritis de células gigantes.

ACI: Arteria carótida interna / Arteria carótida izquierda / Arteria coronaria izquierda.

ACID: Arteria carótida interna derecha. Ácido ascórbico: Vitamina C.

ACII: Arteria carótida interna izquierda.

ACL: Análisis clínicos (Servicio de).

Acl.: Aclaramiento

Aclar.: Aclaramiento

ACM: Arteria cerebral media.

ACMF: Adriamicina, ciclofosfamida, metotrexato y ácido folínico, quimioterapia.

AcMo: Anticuerpo monoclonal.

ACO: Acetilcolina / Anticoagulación / Anticoagulantes orales.

ACP: Arteria cerebral posterior / Auscultación cardiopulmonar.

AC-P: Auscultación cardiopulmonar.

ACR: Auscultación cardiorrespiratoria.

Acro-: Prefijo que indica relación con las extremidades o con una punta o extremo.

ACTH: Adrenocorticotrophic hormone (Hormona adrenocorticotropa). Es estimulante de la corteza suprarrenal. Actin(o)-: Prefijo que indica relación con un rayo o una radiación.

ACTP: Angioplastia coronaria transluminal percutánea.

Acu-: Prefijo que indica relación con las agujas.

ACV: Accidente cardiovascular / Accidente cerebrovascular / Angiología y cirugía vascular (Servicio de).

ACVA: Accidente cerebrovascular agudo.

ACVD: Actividades de la vida diaria.

ACVI: Accidente cerebrovascular isquémico.

ACxFA: Arritmia completa por fibrilación auricular. Se codifica fibrilación auricular.

AD: Aparato digestivo / Aurícula derecha / Axila derecha.

Ad-: Prefijo que significa a o hacía.

Ad lib: A voluntad, sin límite.

Ad libitum: A voluntad, sin límite.

ADA: Arteria (coronaria) descendente anterior / Adenosindesaminasa (prueba para el diagnóstico de tuberculosis).

ADAC: Altas dosis de arabinósido de citosina.

ADC: Adenilciclasa / Adenocarcinoma.

ADCC: Antibody-dependent cell-mediated cytotoxicity (Citotoxicidad mediada por células anticuerpodependiente).

Addis (Recuento de): Determinación de células en una muestra de orina de 12 horas.

Aden-: Prefijo que indica relación con una glándula.

Adenoca.: Adenocarcinoma.

Adenop.: Adenopatías.

ADEV: Adicto a drogas endovenosas.

ADH: Antidiuretic hormone (Hormona antidiurética o vasopresina).

ADI: Asistencia domiciliaria integral.

Adip(o)-: Prefijo que indica relación con la grasa.

ADIV: Adicto a drogas intravenosas.

ADM: Adriamicina.

ADN: Ácido desoxirribonucleico.

ADO: Antidiabético oral.

ADOC: Adriamicina, cisplatino, Oncovin (vincristina) y ciclofosfamida, quimioterapia.

ADOs: Antidiabéticos orales. Se debe escribir sin s final aunque sea en plural.

ADP: Adenopatía / Adenosine diphosphate (Difosfato de adenosina) / Arteria coronaria descendente posterior.

ADQ: Adquirido / Alta dosis de quimioterapia.

ADR: Adrenalina / Adriamicina.

Adren(o)-: Prefijo que indica relación con las glándulas suprarrenales.

ADT: Antidepresivos tricíclicos.

ADVP: Adicción a drogas vía parenteral.

AE: Antecedentes epidemiológicos.

AECC: Asociación Española contra el Cáncer.

AEG: Adecuado para la edad gestacional.

AEO: Arterioesclerosis obliterante.

AEP: Appropriateness evaluatión Protocol (Protocolo de evaluación de la adecuación de los ingresos o estancias hospitalarios).

Aero-: Prefijo que indica relación con aire o gas.

AF: Ácido fólico / Anemia de Fanconi / Antecedentes familiares/ Arteria femoral / Ataxia de Friedreich.

Afaquia: Ausencia de cristalino. Puede ser congénita o postraumática, pero generalmente es postoperatoria tras extirpación de una catarata.

AFCF: Alteración de la frecuencia cardiaca fetal.

AFP: Adriamicina, fluorouracilo y cisplatino, quimioterapia / Alfafetoproteína / Arteria femoral profunda.

AFS: Arteria femoral superficial.

AG: Ácidos grasos / Adenocarcinoma gástrico / Anestesia general.

Ag: Antígeno / Símbolo de la plata.

Ag TABM: Aglutinaciones typhi, paratyphi A y B y brucella melitensis.

AGCC: Ácidos grasos de cadena corta.

AGCL: Ácidos grasos de cadena larga.

AgCMV: Antigenemia citomegalovirus.

AGD: Arteria gastroduodenal.

AGE: Arteria gastroepiploica.

AGL: Ácidos grasos libres.

AGO: Antecedentes ginecológicos y obstétricos.

-agogo: Sufijo que significa que conduce, provoca o induce.

AGS: Ácidos grasos saturados.

AGT: Abnormal glucose tolerance (Tolerancia anormal a la glucosa) / Amnesia global transitoria / Angiotensinógeno.

AH: Ácido hialurónico / Analítica habitual / Anemia hemolítica / Arteria hepática / Asa de Henle.

AHA: American Heart Association (Asociación Americana del Corazón) / Anemia hemolítica adquirida / Anemia hemolítica aguda / Anemia hemolítica autoinmune.

AHAI: Anemia hemolítica autoinmune.

AHC: Anemia hemolítica crónica.

AHF: Antihemophilic factor (Factor antihemofílico o Factor VIII de la coagulación).

AHG: Antihemophilic globulin (Globulina antihemofílica o Factor VIII de la coagulación).

AHO: Anticoncepción oral hormonal.

AI: Adriamicina e ifosfamida, quimioterapia / Anexectomía izquierda / Angina inestable / Aurícula izquierda / Axila izquierda.

AICA: Anterior inferior cerebellar artery (Arteria cerebelosa anteroinferior).

AID: Acromioiliaca derecha, posición fetal / Adriamicina, ifosfamida y dacarbacina, quimioterapia

AIDS: Acquired immunodeficiency syndrome (Síndrome de inmunodeficiencia adquirida o SIDA).

AII: Acromioiliaca izquierda, posición fetal.

AI/IAM/SEST: Angina inestable o infarto agudo de miocardio sin elevación del (segmento) ST.

AINE: Antiinflamatorio no esteroideo.

AINEs: Antiinflamatorios no esteroideos. Se debe escribir sin s final aunque sea en plural.

AIS: Abbreviated injury scale (Escala abreviada de lesiones).

AIT: Ataque isquémico transitorio.

AITES: Ataques isquémicos transitorios (se debe escribir AIT aunque sea en plural).

AJ: Autorización judicial.

AK: Adenosine kinase (Adenosincinasa).

AL: Ácido linoleico / Adriamicina y lomustina, quimioterapia / Amiloidosis primaria / Anestesia local / Antecedentes laborales / Anticoagulante lúpico.

Al: Símbolo químico del aluminio.

Al.: Almuerzo.

Al(o)-: Prefijo que significa otro, diferente.

ALA: Aminolevulinic acid (Ácido aminolevulínico).

ALAT: Alaninoaminotransferasa.

ALB.: Albúmina.

Alb-: Prefijo que indica relación con blanco.

-ales: Sufijo usado en bacteriología para la jerarquía Orden.

ALG: Alergología (Servicio de) / Antilymphocyte globulin (Globulina antilinfocítica).

Alg-: Prefijo que indica relación con dolor.

Alo.: Alogénico.

AloTMO: Trasplante alogénico de médula ósea.

AloTPH: Trasplante alogénico de progenitores hematopoyéticos.

ALR: Anestesia locorregional.

ALT: Alanina aminotransferasa (o TGP).

Alumbramiento: Es la expulsión de la placenta y membranas y la contracción del útero.

AM: Adriamicina y melfalán o metotrexato o mitomicina C, quimioterapia / Antecedentes médicos / Anticuerpos monoclonales / Aplasia medular / Aspirado medular / Astigmatismo.

AMA: Antimitochondrial antibodies (Anticuerpos antimitocondriales).

AMB: Ambulatorio.

Ambul-: Prefijo que indica relación con andar.

AMC: Antecedentes médicos conocidos.

AMCHA: Amino-methyl-cycloexane - carboxilic acid (Ácido aminometilcicloexano--carboxílico o tranexámico).

AME: Atrofia muscular espinal. Amenaza de aborto: Es una hemorragia uterina con o sin contracciones uterinas en embarazada de menos de 22 semanas.

AMF: Adriamicina, metotrexato y ácido folínico, quimioterapia È Ángulo de máxima flexión.

AMH: Antimüllerian hormone (Hormona antimülleriana o antidesarrollo del conducto de Müller).

AMI: Acute myocardial infarction (Infarto agudo de miocardio) / Arteria mamaria interna / Arteria mesentérica inferior.

Amil(o)-: Prefijo que indica relación con el almidón.

AMO: Amoxicilina / Antecedentes médicos obstétricos / Aspirado de médula ósea.

Amox: Amoxicilina.

AMP: Adenosine monophosphate (Monofosfato de adenosina) / Ampicilina.

Amp: Amperio.

AMPc: Adenosine monophosphate cyclic (Monofosfato de adenosina cíclico) / Ampicilina.

Ampolla de Vater: Cavidad de forma cónica de la segunda porción del duodeno, donde desembocan los conductos colédoco y pancreático. La CIE-9-MC la considera vía biliar.

Ampuloma: Tumor de la ampolla de Vater. Generalmente es maligno pero no siempre.

AMQ: Antecedentes medicoquirúrgicos.

AMS: Arteria mesentérica superior.

ANA: Antinuclear antibody (Anticuerpo antinuclear).

ANAE: Alphanaphthyl acid esterase (Alfanaftilacetato esterasa).

ANAs: Anticuerpos antinucleares. Se debe escribir sin s final aunque sea en plural.

Anat.: Anatomía.

Anat. Pat.: Anatomía patológica.

AnB: Anfotericina B.

ANCA: Antineutrophil cytoplasmic antibodies (Anticuerpos citoplasmáticos antineutrófilos).

Andr(o)-: Prefijo que indica relación con sexo masculino.

Anexect.: Anexectomía.

Anexectomía: Extirpación de los anexos uterinos (ovario, trompa de Falopio y ligamentos uterinos). Puede ser de un solo lado (unilateral) o de ambos (bilateral o doble anexectomía).

ANG: Aspiración nasogástrica / Aspirado nasogástrico.

Angi(o)-: Prefijo que indica relación con un vaso generalmente sanguíneo. Angioplastia Coronaria Transluminal

Percutánea: Dilatación de una arteria coronaria mediante el inflado de un catéter-balón colocado en una zona estenótica a través de una punción de la piel en la sala de hemodinámica.

ANL: Accidente no laboral.

ANR: Anestesia y reanimación (Servicio de).

Anr.: Anormal.

Ant.: Antecedentes È Anterior.

Antec.: Antecedentes.

Anti-HBs: Anticuerpo contra el antígeno de superficie del virus de la hepatitis B.

Anti-VHC: Anticuerpos contra el virus de la hepatitis C.

Antrop-: Prefijo que indica relación con hombre.

AO: Albinismo ocular /Alimentación oral / Ambos ojos /Análisis de orina / Anovulatorios /Anticoagulantes orales / Anticonceptivo oral / Antidiabéticos orales / Aorta / Arterioesclerosis obliterante / Asociación de osteosíntesis (técnica de la).

Ao: Aorta.

AO2: Contenido arterial de Oxígeno.

AoA: Aorta ascendente.

AOAR: Albinismo ocular autosómico recesivo.

AoD: Aorta descendente.

AOU: Área de observación de urgencias.

AOXN: Albinismo ocular (ligado al cromosoma) X tipo Nettleship.

AP: Adriamicina y cisplatino, quimioterapia / Anatomía patológica / Antecedentes patológicos / Antecedentes personales / Anteroposterior / Arteria pulmonar / Asistencia primaria / Atresia pulmonar / Auscultación pulmonar / Auscultación y percusión.

APA: Anatomía patológica (Servicio de).

APACHE: Acute phisiology and cronic health evaluation scoring system (Sistema de puntuación para la evaluación de la salud con datos fisiológicos agudos y crónicos). Es un sistema de clasificación de pacientes.

APD: Agencia de protección de datos / Arteria pulmonar derecha.

AP-DRG (o AP-DRGs): All Patient Diagnosis Related Groups. Ver GRDAP.

APE: Antígeno prostático específico (más conocido por las siglas inglesas PSA).

APG: Ambulatory patients groups (Grupos de pacientes ambulatorios). Es un sistema de clasificación de pacientes ambulatorios.

API: Arteria pulmonar izquierda.

APKD: Adult-onset polycystic kidney disease (Enfermedad poliquística renal del adulto).

APLV: Alergia a las proteínas de la leche de vaca.

APO: Adriamicina, prednisona y Oncovin, quimioterapia / Antígeno pancreáticooncofetal.

Apo: Apolipoproteína.

Apo A: Apolipoproteína A.

Apo B: Apolipoproteína B.

Apo C: Apolipoproteína C.

Apo D: Apolipoproteína D. Actualmente se denomina Apo AIII.

Apo E: Apolipoproteína E.

APP: A petición propia / Amenaza de parto prematuro / Antecedentes personales patológicos.

APR-DRG (o APR-DRGs): All Patient Refined Diagnosis Related Groups. Ver GRD-APR.

Aprox.: Aproximadamente.

APS: Ambos párpados superiores.

APSAC: Anisoylated plasminogen streptokinase activator complex (Complejo activador de estreptoquinasa y plasminógeno acilado o anistreplasa).

APSI: Adolescentes psiquiátricos (Unidad de) / Atresia pulmonar con septo íntegro.

APT: Alimentación parenteral total / Amnesia postraumática / Angioplastia percutánea transluminal.

aPTT: Activated partial thromboplastin time (Tiempo de tromboplastina parcial activada).

APUD: Amine precursor uptake and decarboxilation (Captación y descarboxilación de los precursores aminados).

AQ: Antecedentes quirúrgicos.

ÂQRS: Eje frontal del complejo QRS del electrocardiograma.

AR: Anemia refractaria / Angina de reposo / Aparato respiratorio / Arteria renal / Artritis reumatoide / Auscultación respiratoria / Autosómico recesivo.

Ar: Símbolo químico del argón.

ARA: Angiotensin II receptor antagonist (Antagonista del receptor de la angiotensina II). Es un antihipertensivo.

ARA II: Angiotensin II receptor antagonist (Antagonista del receptor de la angiotensina II). Es un antihipertensivo.

ARA-C: Arabinósido de citosina o citarabina.

ARAL: Antirreumáticos de acción lenta.

ARD: Arteria renal derecha.

AREB: Anemia refractaria por exceso de blastos.

AREB-t: Anemia refractaria por exceso de blastos en transformación.

ARF: Ablación por radiofrecuencia.

ARI: Arteria renal izquierda.

ARJ: Artritis reumatoide juvenil.

ARM: Angiografía por resonancia magnética.

ARN: Ácido ribonucleico.

ARS: Anemia refractaria sideroblástica / Anemia refractaria simple.

ARSA: Anemia refractaria con sideroblastos en anillo.

ART: Automated reagin test (Test de regain automatizado).

Arterioesclerosis: Enfermedad crónica de las arterias que pierden elasticidad, se engruesan y endurecen. Aterosclerosis. Ateromatosis. Arterioesclerosis

ARTP: Angioplastia renal transluminal percutánea / Aterectomía rotacional transluminal percutánea.

Artralgia: Dolor articular. Es un síntoma que no se codifica excepto que no haya más información y entonces es un diagnóstico sintomático.

ARV: Antirretrovirales.

AS: Aborto séptico / Aceite de silicona / Arteria subclavia / Artritis séptica.

As: Símbolo químico del arsénico.

A-S: Adams-Stokes.

ASA: Ácido acetil salicílico / Puntuación de riesgo prequirúrgico de la American Society of Anesthesiologists (Sociedad americana de anestesistas).

ASAT: Aspartato aminotransferasa.

ASCUS: Atypical scamous cells of uncertain significance (Células escamosas atípicas de significado incierto).

ASD: Angiografía por sustracción digital.

ASK: Antistreptokinase (Antiestreptocinasa).

ASL: Antiestreptolisina.

ASLO: Anticuerpos antiestreptolisina O.

ASLX: Anemia sideroblástica ligada al cromosoma X.

ASMA: Anticuerpos antimúsculo liso.

ASO: Antiestreptolisina O / Arterioesclerosis obliterante.

Asp.: Aspártico (ácido) / Aspiración / Aspirado.

Aspir.: Aspiración / Aspirado.

AST: Aspartato transaminasa.

ASV: Aneurisma del seno de Valsalva.

AT: Accidente de trabajo / Angiotensina/ Antitrombina / Arteritis de Takayasu/ Arteritis temporal / Artroplastia total / Atresia tricuspídea.

AT III: Angiotensina III / Antitrombina III.

Atb.: Antibiótico.

ATC: Anemia de los trastornos crónicos / Angioplastia transluminal coronaria / Antecedentes / Antidepresivos tricíclicos / Artroplastia total de cadera.

Ateromatosis: Arterioesclerosis.

Aterosclerosis: Arterioesclerosis.

ATG: Antígeno /Antithymocyte globulin (Globulina antitimocítica).

ATM: Articulación temporomandibular.

atm: Atmósfera.

ATMO: Autotrasplante de médula ósea.

ATO: Absceso tuboovárico / Atorvastatina.

ATP: Activador tisular del plasminógeno / Adenosine triphosphate (Trifosfato de adenosina) / Angioplastia transluminal percutánea.

ATPase: Adenosine triphosphatase Adenosin trifosfatasa).

ATPH: Autotrasplante de progenitores hematopoyéticos.

ATPS: Ambient temperature, pressure, saturated with vapor. Indica que un volumen de gas es eliminado saturado con vapor de agua a temperatura y presión ambientales.

ATR: Acidosis tubular renal.

ATRA: All-transretinoic acid (Ácido transretinoico).

ATS: Arteria temporal superficial / Ayudante técnico sanitario.

ATT: Adenoma tiroideo tóxico.

Au: Antígeno Australia / Arteria umbilical / Símbolo químico del oro.

Audio.: Audiometría.

Ausc.: Auscultación.

Auto: Autólogo.

AUU: Arteria umbilical única.

AV: Adenoma velloso / Adriamicina y vincristina, quimioterapia / Agudeza visual / Arteriovenoso / Atrioventricular / Auriculoventricular.

A-V: Auriculoventricular.

AVA: Área valvular aórtica.

AVAo: Área valvular aórtica.

AVB: Adriamicina, vincristina y bleomicina quimioterapia / Asistencia vital básica / Atresia de vías biliares.

AVBC: Adriamicina, vincristina, bleomicina y CCNU (lomustina), quimioterapia.

AVC: Accidente vascular cerebral.

AVCA: Accidente vascular cerebral agudo.

AVD: Actividades de la vida diaria.

aVD: Ápex de ventrículo derecho.

aVF: Augmented voltage foot (Voltaje incrementado en pie, derivación del electrocardiograma).

AVG: Ambulatory visitors groups. Es un sistema de clasificación de pacientes ambulatorios.

aVL: Augmented voltage left (Voltaje incrementado en brazo izquierdo, derivación del electrocardiograma).

AVM: Ácido vanililmandélico / Adriamicina, vinblastina y mitomicina, quimioterapia / Área valvular mitral.

AVP: Ácido valproico / Arginina vasopresina (Hormona antidiurética).

aVR: Augmented voltage right (Voltaje incrementado en brazo derecho, derivación del electrocardiograma).

AVS: Arritmia ventricular sostenida.

AVV: Absceso vulvovaginal.

Ax.: Axila.

AZT: Azidotimidina o Zidovudina.

B: Basófilo È Biopsia È Bolsa (amniótica).

B-I: Billroth I.

B-II: Billroth II.

B1: Vitamina B1 (Tiamina).

B2: Vitamina B2 (Riboflavina).

B3: Vitamina B3 (Nicotinamida, ácido nicotínico, vitamina PP).

B5: Vitamina B5 (Ácido pantoténico).

B6: Vitamina B6 (Piridoxina).

B7: Vitamina B7 (Biotina).

B8: Vitamina B8 (Fosfato de adenosina).

B12: Vitamina B12 (Cianocobalamina).

BA: Bacilo acidorresistente.

Ba: Bario.

BAAF: Biopsia por aspiración con aguja fina.

BAAR: Bacilo ácido alcoholrresistente.

BAF: Biopsia con aguja fina.

BAG: Buen aspecto general.

BAL: Broncoalveolar.

BAO: Basal acid output (Secreción de ácido basal).

BAR: Bacilo acidorresistente.

bar: Unidad de presión equivalente a 0.987 atm o 105 Pa.

BAS: Broncoaspiración selectiva / Broncoaspirado.

Bassini: Técnica de herniorrafia sin malla.

BAV: Bloqueo auriculoventricular.

BAVC: Bloqueo auriculoventricular completo.

BB: Biberón / Bilirrubina.

BBIA: Bomba de balón intraaórtico.

BC: Broncopatía crónica / Bronquitis crónica.

BCA: Balón de contrapulsación aórtica.

BCG: Bacilo de Calmette y Guérin.

BCGF: B-cells growth factor (Factor de crecimiento de células B).

BCIA: Balón de contrapulsación intraaórtico.

BCNU: 1,3-bis (2-cloroetil)-1-nitrosourea (carmustina).

BCO: Broncopatía crónica obstructiva.

BCPA: Balón de contrapulsación aórtico.

BCPIA: Balón de contrapulsación intraaórtico.

BCRD: Bloqueo completo de rama derecha.

BCRI: Bloqueo completo de rama izquierda.

BCS: Banco de sangre (Servicio de).

BD: Bilirrubina directa / Broncodilatadores.

BDBA: Broncodilatadores beta adrenérgicos.

BDI: Beck Depression Inventory (Inventario de Depresión de Beck) È Blando, depresible e indoloro (abdomen).

BDZ: Benzodiazepina.

BE: Biopsia extemporánea.

Be: Símbolo químico del berilio.

BEACOPP: Bleomicina, etopósido, adriamicina, ciclofosfamida, Oncovin ®, procarbacina y prednisona, quimioterapia.

Beb.: Bebible.

BEG: Buen estado general (en la exploración física).

BEI: Butanol-extractable iodine (Yodo extraíble con butanol).

BEP: Bleomicina, etopósido y cisplatino, quimioterapia.

BFU: Burst-forming unit (Unidad formadora de brotes o célula madre).

BGC: Bajo gasto cardiaco / Biopsia del ganglio centinela.

BGN: Bacilo gramnegativo.

BGP: Bacilo grampositivo.

BHCG: Sub-unit beta human chorionic gonadotropin (Gonadotrofina coriónica humana, subunidad beta).

BHE: Barrera hematoencefálica.

BHP: Biopsia hepática percutánea.

BI: Bilirrubina indirecta / Biopsia intestinal.

Bi: Símbolo químico del bismuto.

BIA: Balón intraaórtico.

BIAC: Balón intraaórtico de contrapulsación.

BICI: Bomba de infusión continúa de insulina.

Bil.: Bilirrubina.

Bilat.: Bilateral.

Billroth I: Operación consistente en una gastrectomía parcial con anastomosis del extremo seccionado del duodeno al extremo que queda del estómago.

Billroth II: Operación consistente en una gastrectomía parcial con anastomosis del extremo que queda del estómago al yeyuno a través del mesocolon transverso.

BIO: Biopsia intraoperatoria È Bioquímica clínica (Servicio de).

Bio-: Prefijo que indica relación con vida.

Bip.: Bipedestación.

BIPAP: Biphasic positive airway pressure (Presión positiva con dos niveles de presión).

BI-RADS: Breast imaging reporting and data system (Sistema de informes y datos de imágenes mamarias).

BIRD: Bloqueo incompleto de rama derecha.

BIRI: Bloqueo incompleto de rama izquierda.

BITE: Bulimic Investigatory Test Edinburgh (Test de Bulimia de Edimburgo).

BJ: Bence Jones.

BK: Bacilo de Koch (Mycobacterium tuberculosis).

BL: Borreliosis de Lyme.

Bl.: Blando.

Blefar(o)-: Prefijo que indica relación con el párpado.

Bleo.: Bleomicina.

BMI: Body mass index (Índice de masa corporal).

BMN: Biopsias múltiples normalizadas (son biopsias de vejiga que se hacen durante una RTU de vejiga en diversas áreas de la misma) / Bocio multinodular.

BMO: Biopsia de médula ósea.

BMR: Basal metabolic rate (Tasa de metabolismo basal).

BMT: Bismuto, metronidazol y tetraciclina (tratamiento del Helicobacter pylori).

BMTO: Bismuto, metronidazol, tetraciclina y omeprazol (tratamiento del Helicobacter pylori).

BNC: Bilirrubina no conjugada.

BNCO: Bronconeumopatía crónica obstructiva.

BNE: Broncoespasmo.

BNT: Bocio nodular tóxico.

BONO: Bronquiolitis obliterante con neumonía organizada.

BOTE: Buena orientación temporoespacial.

BP: Bajo peso È Biopsia.

BPAEG: Bajo peso pero adecuado a su edad gestacional.

BPAF: By-pass aortofemoral.

BPD: Bronquio principal derecho.

BPNAEG: Bajo peso no adecuado a su edad gestacional.

BPRS: Brief Psychiatric Rating Scale. (Escala breve de evaluación psiquiátrica).

BPRS-A: Brief Psychiatric Rating Scale Amplied (Escala breve de evaluación psiquiátrica ampliada).

BPT: Bronchial provocation test (Prueba de provocación bronquial).

BQ: Bioquímica.

BR: Bajo riesgo È Bilirrubina È Biopsia renal.

Bradi-: Prefijo que indica relación con lento.

Braqui(o)-: Prefijo que indica relación con corto o con brazo.

BRD: Bilirrubina directa / Bloqueo de rama derecha (del Haz de His).

BRDHH: Bloqueo de rama derecha del Haz de His.

BRHH: Bloqueo de rama del Haz de His.

BRI: Bilirrubina indirecta / Bloqueo de rama izquierda (del Haz de His).

BRIHH: Bloqueo de rama izquierda del Haz de His.

BRM: Biological response modifiers (Modificadores de la respuesta biológica). Son fármacos usados en tratamientos antineoplásicos.

Bronconeumonía: Inflamación pulmonar a partir de los bronquiolos que se ocluyen con un exudado mucopurulento. Bronconeumonitis.

BRT: Bilirrubina total.

Brugada (Síndrome de): Arritmia con corazón estructuralmente normal. Hay taquicardia o fibrilación ventricular que puede llegar a producir una muerte súbita.

BS: Bocio simple / Bradicardia sinusal.

BSC: Bloqueo simpático continúo.

BSP: Bromosulftaleína.

BT: Bilirrubina total / Bitemporal.

BTB: Biopsia transbronquial.

BTPS: Body temperature, atmospheric pressure and saturated with water vapor (Condiciones de temperatura corporal, presión atmosférica ambiental y saturación de agua a temperatura corporal).

Bu: Busulfán.

BUN: Blood urea nitrogen (Nitrógeno ureico en sangre).

Bulky: Masa. En inglés, voluminoso, abultado. Término que se refiere a tumores o conglomerados de adenopatías usado en casos linfomas.

BVB: Buena ventilación de bases (pulmonares).

BVG: Buena ventilación global (pulmonar).

BVM: Bag-valve mask (máscara de bolsav álvula).

Bx: Biopsia.

ByD: Blando y depresible.

By-pass: Derivación, puente, cortocircuito.

C: Ácido ascórbico, vitamina / Canino

C´: Complemento.

ºC: Símbolo de grado Celsius o centígrado.

c: Caloría pequeña / Centi- (10-2).

c.: Carcinoma / Cena / Concentrado / Comprimido.

c/: Notación que significa cada (c/8h: cada 8 horas).

C1, C2, C3, C4, ... C7: 1ª, 2ª, 3ª, 4ª ..., 7.ª vértebras cervicales.

CA: Cámara anterior / Colon ascendente.

CA: Cámara anterior / Cáncer / Cancer antigen (Marcador tumoral) / Carcinoma /

CaCU: Cáncer de cervix uterino.

CAD: Cetoacidosis diabética.

CAE: Comité asistencial de ética / Conducto auditivo externo.

CaEp: Carcinoma epidermoide.

CAF: Ciclofosfamida, adriamicina y fluorouracilo, quimioterapia.

CAGE (Test o cuestionario): Cuttingdown, Annoyed, Guilt, Eyeopen (Problemas relacionados con la reducción de alcohol, molestarse por las críticas, sentimiento de culpa y consumo de alcohol por la mañana). Es un instrumento para el diagnóstico del alcoholismo a partir de 4 items que componen el test..

Ca: Símbolo químico del calcio / Contenido en sangre arterial.

Ca.: Carcinoma.

Ca++: Calcio iónico.

CA DHP: Calcioantagonistas dihidropiridínicos.

CA p24: Proteína P24 de la cápside del VIH (antígeno de detección del virus por el método ELISA).

CA 15/3: Marcador tumoral monoclonal del cáncer de mama.

CA 19/9: Marcador tumoral monoclonal del cáncer de colon, de pulmón, páncreas y mama.

CA 50: Marcador tumoral monoclonal del adenocarcinoma colorrectal y páncreas.

CA 54/9: Antígeno asociado a tumores de mama y colon.

CA 72/4: Marcador tumoral de cáncer de estómago.

CA 125: Marcador tumoral monoclonal del cáncer de ovario y ciertos linfomas.

CAA: Colitis asociada a antibióticos.

CAI: Calcio iónico / Conducto auditivo interno / Crecimiento auricular izquierdo.

CAL: Cirugía antirreflujo laparoscópica / Colecistitis aguda litiásica.

cal: Caloría.

CALLA: Common acute lymphoblastic eukemia antigen (Antígeno de la leucemia aguda linfoblástica común o CD10).

CAM: Calcificación del anillo mitral / Concentración alveolar mínima.

CAMP: Ciclofosfamida, adriamicina, metotrexato y procarbacina, quimioterapia.

cAMP: Cyclic adenosine monophosphate (Monofosfato de adenosina cíclico) / Ampicilina. Cáncer gástrico precoz: Es un carcinoma in situ.

CAP: Centro de atención primaria / Ciclofosfamida, adriamicina y cisplatino, quimioterapia / Complejo reola pezón / Conducto arterioso permeable / Contracciones auriculares prematuras.

Cap.: Cápsula.

CAPD: Continuous ambulatory peritoneal dialysis (diálisis peritoneal ambulatoria continua).

CAR: Cardiología (Servicio de) È Cirugía artroscópica de rodilla.

Car.: Carcinoma.

Carbo.: Carboplatino.

Carc.: Carcinoma.

Carcinoma in situ: Neoplasia con cambios celulares malignos pero que se mantiene localizada en el punto de origen sin invadir los tejidos próximos. Es sinónimo de Carcinoma intraepitelial, no infiltrante o no invasivo.

Cardio.: Cardiología.

Cardio-: Prefijo que indica relación con el corazón o con el cardias.

Cardiopatía HTA: Cardiopatía hipertensiva.

Cario-: Prefijo que indica relación con el núcleo celular.

CAT: Cirugía artroscópica de tobillo.

CATB: Cesárea antes del trabajo de parto.

José Joaquín Espinosa de los Monteros Sarmiento

CAV: Canal auriculoventricular / Comunicación arteriovenosa.

CB: Crisis blástica.

CBA: Complement binding antibody (Anticuerpo fijador del complemento).

CBF: Control de bienestar fetal.

CBG: Corticosteroid binding gloubulin (Globulina transportadora de corticoides o transcortina).

CBM: Concentración bactericida mínima.

CBP: Cirrosis biliar primaria.

CC: Cabeza y cuello (en la exploración física) / Cáncer de colon.

C-C: Cabeza y cuello.

cc: Cabeza y cuello / Centímetro cúbico. La forma correcta es cm3 sin punto.

CCA: Chimpanzee coryza agent (Agente de la coriza del chimpancé o virus sincitial respiratorio) / Cirugía cardiaca (Servicio de).

CCAD: Citotoxicidad celular anticuerpo dependiente.

CCEE: Consultas externas.

CCF: Cromatografía en capa fina.

CCK: Cholecystokinin (Colecistocinina).

CCLB12: Capacidad de captación libre de vitamina B12.

CCM: Centro de cuidados mínimos.

CCNU: 1-(2-cloroetil)-3-cicloexil-1-nitrosourea (lomustina).

CCO: Consciente, colaborador y orientado.

CCV: Cirugía cardiovascular (Servicio de).

CD: Cluster of differentiation (Grupos o racimos de diferenciación) / Coito dirigido / Colon descendente / Coronaria derecha (arteria).

CD4: Linfocitos cooperadores inductivos.

cd: Cuenta dedos.

CDC: Center for diseases control and prevention (Centro para el control y prevención de enfermedades, Estados Unidos).

CDDP: Cisdiaminodicloroplatino ocisplatino.

CDI: Carcinoma ductal infiltrante.

CDM: Categoría diagnóstica mayor. Es la denominación usada en los GRD para llamar a los 25 grandes capítulos en los que se clasifican los grupos de pacientes de una determinada especialidad.

CDP: Cytidine diphosphate (Citidina difosfato).

CE: Cardioversión eléctrica / Carótida externa / Centro de especialidades / Circulación extracorpórea / Cistografía estática / Consulta externa / Cuerpo extraño.

CEA: Carcinoembryonic antigen (antígeno carcinoembrionario) / Comisión de ética asistencial.

CEC: Circulación extracorpórea. Técnica usada en cirugía cardiaca para sustituir la función de bomba del corazón y poder pararlo para operarlo.

Cef.: Cefálica.

Cefal-: Prefijo que indica relación con cabeza.

Cel(o)-: Prefijo que significa cavidad o espacio.

-cele: Sufijo que indica relación con una cavidad, hernia o tumor o tumefacción.

Cels.: Células.

Célula: Es la más pequeña unidad de estructura viva capaz de existir independientemente, compuesta por una membrana que encierra una masa de protoplasma, que contiene un núcleo o nucleótido, con posibilidad de replicar proteínas, ácidos nucleicos, utilizar energía y reproducirse así misma.

CEMP: Campo electromagnético pulsátil.

CENS: Cirugía endoscópica nasosinusal.

-centesis: Sufijo que significa punción.

CER: Colangiografía endoscópica retrógrada.

Cervic-: Prefijo que indica relación con el cuello. Cesárea: Parto a través de una incisión del abdomen y del útero.

Cesárea clásica: Cesárea con incisión del útero a nivel del segmento superior. Se usan como sinónimos: cesárea corpórea, del fondo de saco o transperitoneal clásica.

Cesárea clásica baja: Cesárea con incisión del útero a nivel del segmento inferior. Se usan como sinónimos: cesárea cervical baja, transperitoneal cervical baja o segmentaria transversa.

Cesárea extraperitoneal: Cesárea con incisión del útero extraperitonealmente. Se usan como sinónimos: cesárea supravesical, Latzko o Waters.

CEX: Consulta externa.

C3F8: Es un gas que, a veces, introducen en el globo ocular tras una vitrectomía para ocupar el espacio del vítreo que se ha quitado.

CFA: Células formadoras de anticuerpos / Complete Freund´s adjuvant (Adyuvante completo de Freund).

CFC: Capacidad formadora de colonias.

CFCT: Complejo fibrocartílago triangular.

CFM: Ciclofosfamida.

CFR: Capacidad funcional residual.

CFU: Colony-forming units (Unidades formadoras de colonias).

CG: Carcinoma gástrico / Crioglobulina / Cromatografía de gases.

cg: Centigramo.

CGD: Cirugía general y digestivo (Servicio de).

CGI: Clinical global impression (Escala de impresión clínica global).

CGN: Cocos gramnegativos.

CGP: Cocos grampositivos.

cGy: Centigray (Unidad de dosis de radiación absorbida equivalente a un rad).

CH: Carcinoma hepático / Cirrosis hepática / Concentrado de hematíes / Crisis hipertensiva.

CHC: Carcinoma hepatocelular.

cHDL: Colesterol HDL.

CHOP: Ciclofosfamida, hidroxidaunomicina, Oncovín® y prednisona, quimioterapia.

CI: Capacidad inspiratoria / Cardiopatía isquémica / Carótida izquierda / Claudicación intermitente / Coeficiente intelectual / Coitus interruptus / Colon irritable / Consentimiento informado / Coronaria izquierda (arteria) / Cuerpo de inclusión / Cuidados intensivos.

CIA: Comunicación interauricular. Es una cardiopatía congénita.

CIA OP: Comunicación interauricular tipo ostium primun.

CIA OS: Comunicación interauricular tipo ostium secundum.

Cianocobalamina: Vitamina B12.

CID: Carcinoma intraductal / Carótida interna derecha / Coagulación intravascular diseminada / Cuadrante inferior derecho.

CIE: Clasificación Internacional de Enfermedades / Contrainmunoelectroforesis/ Cuadrante inferior externo /Cuadrantectomía inferoexterna.

CIE-9-MC: Clasificación Internacional de Enfermedades 9.ª revisión Modificación Clínica.

CIEMD: Cuadrante inferior externo de mama derecha.

CIEMI: Cuadrante inferior externo de mama izquierda.

CIE-O: Clasificación Internacional de Enfermedades para Oncología

Cig.: Cigarrillo.

CII: Carótida interna izquierda / Cuadrante inferior interno / Cuadrantectomía inferointerna.

CIIMD: Cuadrante inferior interno de mama derecha.

CIIMI: Cuadrante inferior interno de mama izquierda.

CIM: Concentración inhibitoria mínima.

CIM 90: Concentración inhibitoria mínima frente al 90% de las cepas.

CIN: Cervix intraepitelial neoplasia intraepitelial de cuello uterino).

CIN I: Cervix intraepitelial neoplasia I (Neoplasia intraepitelial de cuello uterino tipo 1).Es una displasia simple de cérvix uterino y equivalente a SIL de bajo grado.

CIN II: Cervix intraepitelial neoplasia II (Neoplasia intraepitelial de cuello uterino tipo 2).

CIN III: Cervix intraepitelial neoplasia III (Neoplasia intraepitelial de cuello uterino). Es una displasia severa de cérvix uterino. Es un carcinoma in situ y sinónimo de SIL de alto grado.

CIO: Colangiografía intraoperatoria.

CIP: Ciprofloxacino / Código de identificación personal / Cuidados Intensivos pediátricos.

CIR: Crecimiento intrauterino retardado.

CIS: Carcinoma in situ / Cisplatino.

Cisto.: Cistografía.

Cisto-, cisti-: Prefijo que indica relación con un saco, quiste o vejiga. Generalmente se refiere a la vejiga urinaria.

Cito-: Prefijo que indica relación con la célula.

Citol.: Citología.

-cito-: Sufijo que indica relación con una célula.

CIUR: Crecimiento fetal intrauterino retardado.

CIV: Comunicación interventricular. Generalmente es una anomalía cardiaca congénita aunque puede ser adquirida tras un infarto agudo de miocardio.

CJ: Creutzfeldt-Jakob.

CJD: Creutzfeldt-Jakob Disease (Enfermedad de Creutzfeldt-Jakob).

CJS: Creutzfeldt-Jakob Syndrom (Síndrome de Creutzfeldt-Jakob).

CK: Creatin kinase (Creatincinasa).

CK-MB: Creatin kinase MB fraction (Creatincinasa fracción MB).

CL: Caldwell-Luc / Cirugía laparoscópica / Clearance (Aclaramiento) / Colecistectomía laparoscópica / Cuerpo lúteo.

Cl: Símbolo químico del Cloro.

Cl.: Clearance (Aclaramiento).

-clasis: Sufijo que significa rotura.

Clav.: Clavulánico.

Clavo gamma: Es un enclavijamiento intramedular para tratar fracturas de huesos largos.

CLCR: Clearance o aclaramiento de creatinina.

cLDL: Cholesterol low-density lipoproteins (Colesterol de las lipoproteínas de baja densidad).

CLF: Cloramfenicol.

CLIS: Carcinoma lobulillar in situ.

ClNa: Cloruro de sodio.

CM: Cambios mínimos / Cáncer de mama / Carcinoma metastásico / Componente monoclonal.

cm: Centímetro (Se escribe sin punto. Tampoco se le debe añadir una s para formar el plural).

cm3: Centímetro cúbico.

CMA: Cirugía mayor ambulatoria / Complejo Mycobacterium avium.

CMBD: Conjunto mínimo básico de datos. Es un grupo de datos administrativos y clínicos que resume la información de los episodios de hospitalización.

CMBDH: Conjunto mínimo básico de datos de hospitalización. Ver CMBD.

CMC: Carpometacarpiana, articulación / Centro médico coordinador.

CMF: Ciclofosfamida, metotrexato y fluorouracilo, quimioterapia / Cirugía maxilofacial (Servicio de).

CMI: Cell-mediated immunity (Inmunidad mediada por células) / Concentraciónmínima inhibitoria.

CMP: Citydine monophosphate (Citidina monofosfato).

CMV: Citomegalovirus.

CMZ: Carbimazol.

CN: Cólico nefrítico.

CND: Cólico nefrítico derecho.

CNI: Cólico nefrítico izquierdo.

CNIO: Centro Nacional de Investigaciones Oncológicas.

CO: Cáncer de ovario / Carbone monoxide (Monóxido de Carbono) / Consciente y orientado.

Co: Cobalamina / Cobalto.

CO2: Dióxido de carbono.

co. y ce.: Comida y cena.

CoA: Coartación de aorta / Coenzima A.

Coagulación Intravascular Diseminada: Trastorno de coagulación (Síndrome de Desfibrinación en terminología CIE-9-MC).

CoAo: Coartación de Aorta.

COBC: Consciente, orientado y buena coloración.

COC: Consciente, orientado y colaborador.

COD: Cáncer de origen desconocido.

Col.: Colirio.

Colangi-: Prefijo que indica relación con vías biliares. **Colangiopancreatografía retrógrada endoscópica:** Radiografía de los conductos biliares y pancreáticos inyectando un contraste por vía retrógrada accediendo a través de una endoscopia digestiva.

Cole-: Prefijo que indica relación con bilis.

Colecalciferol: Vitamina D3.

Colecist-: Prefijo que indica relación con vesícula biliar.

Colo-: Prefijo que indica relación con bilis.

Colpo-: Prefijo que indica relación con vagina.

comp.: Comprimido.

Complicación: Enfermedad que se produce como consecuencia de otra o de una acción médica o quirúrgica. En términos CIE-9-MC, para codificar una enfermedad como complicación de los cuidados médicos o quirúrgicos hace falta que exista una relación causa efecto documentada.

COMT: Catecol-O-metiltransferasa.

Comunicación Interauricular: Malformación cardiaca que consiste en un defecto en el tabique interauricular que permite la mezcla de sangre de ambas aurículas (derecha e izquierda).

CON: Ciclopropano, oxígeno y nitrógeno, mezcla anestésica.

ConA: Concanavalina A.

Congénita: Enfermedad que está presente en el momento del nacimiento (aunque, a veces, se manifiesta más tarde).

Copro-: Prefijo que indica relación con heces.

Coprolito: Concreción dura de heces. Fecalito.

Cortic-: Prefijo que indica relación con corteza suprarrenal.

COT: Cirugía ortopédica / Cáncer de pulmón / Cáncer pancreático / Cardiopulmonar / Cisplatino / Concentrado de plaquetas / Creatinphosphate (Creatinfosfato) / Cuidados paliativos.

CPAP: Continuous positive airway pressure (Presión positiva continua en la vía respiratoria).

CPC: Cor pulmonale crónico È Corazón pulmonar crónico.

CPCP: Carcinoma pulmonar de células pequeñas (o microcítico).

CPDD: Cisplatino diaminodicloruro.

CPE: Ciático poplíteo externo / Cirugía pediátrica (Servicio de) / Colangiopancreatografía endoscópica.

CPIA: Contrapulsación intraaórtica.

CPK: Creatine phosfhokinase (Creatinfosfocinasa).

CPKMB: Creatine phosfhokinase MB raction (Creatinfosfocinasa fracción MB).

CPK-MB: Creatine phosfhokinase MB fraction (Creatinfosfocinasa fracción MB).

CPL: Cirugía plástica (Servicio de).

CPM: Carpometacarpiana, articulación / Cistograma postmiccional.

cpm: Ciclos por minuto.

CPO: Control postoperatorio.

CPPL: Cefalea postpunción lumbar.

CPPV: Continuous positive pressure ventilation (Ventilación con presión positiva continua).

CPR: Colangiopancreatografía retrógrada. Es lo mismo que CPRE.

CPRE: Colangiopancreatografía retrógrada endoscópica.

CPRM: Colangiopancreatografía por resonancia magnética.

CPRMN: Colangiopancreatografía por resonancia magnética nuclear.

cps: Ciclos por segundo.

CPT: Cáncer papilar de tiroides / Capacidad pulmonar total / Control postransfusional / Current Procedural Terminolog y (Terminología actual sobre procedimientos). Es un sistema de clasificación de procedimientos.

CPV: Complejos prematuros ventriculares.

CR: Cociente respiratorio / Cólico renal / Creatinina.

Cr: Símbolo químico del cromo.

Cr.: Creatinina.

CRABP: Cellular retinoic acid binding protein (Proteína celular fijadora de ácido retinoico).

CRD: Cólico renal derecho.

CRE: Colangiografía retrógrada endosc ópica.

Creat.: Creatinina.

CREST: Calcinosis cutis, Raynaud´s phenomenon, esophageal dysfunction, sclerodactyly and telangiectasia (Calcinosis cutánea, fenómeno de Raynaud, disfunciónesofágica, esclerodactilia y telangiectasia, síndrome).

CRF: Capacidad residual funcional / Chronic renal failure (Insuficiencia renal crónico) / Chronic respiratory failure (Insuficiencia respiratoria crónica).

CRH: Corticotropin-releasing hormone (Hormona estimulante de la corticotrofina).

CRI: Capacidad de reserva inspiratoria / Cólico renal izquierdo.

CRM: Cirugía de revascularización miocárdica.

CRM sin CEC: Cirugía de revascularización miocárdica sin circulación extracorpórea.

CRO: Contract research or ganization (Organización de investigación por contrato).

Crono-: Prefijo que indica relación con el tiempo.

CrP: Creatinina plasmática.

CRS: Complejo relacionado con el sida.

CRVM: Cirugía de revascularización miocárdica.

CS: Centro de salud.

Cs: Símbolo químico del cesio.

cs.: Centisegundo.

CsA: Ciclosporina A.

Csc: Con su corrección.

CSE: Cuadrante superior externo / Cuadrantectomía superoexterna.

CSEMD: Cuadrante superior externo de mama derecha.

CSEMI: Cuadrante superior externo de mama izquierda.

CSF: Colony stimulating factor (Factor estimulante de colonias).

CSI: Cuadrante superior interno / Cuadrantectom ía superointerna.

CSIC: Consejo Superior de Investigaciones Científicas.

CSIMD: Cuadrante superior interno de mama derecha.

CSIMI: Cuadrante superior interno de mama izquierda.

CsIV: Cesio intravaginal.

CSM: Centro de salud mental.

CST: Cesárea segmentaria transversa.

CT: Calcitonina / Colesterol total / Colon transverso / Computed tomography (Tomografía computarizada).

C/T: Índice cardiotorácico.

Cta.: Consulta.

cta.: Cucharadita.

ctes.: Constantes.

CTG: Cardiotocografía.

CTL: Compuestos tóxicos persistentes / Cytotoxic T-lymphocyte (Linfocito Tcitotóxico).

CTO: Cirugía torácica (Servicio de).

CTP: Cytidine triphosphate (Trifosfato de citidina).

CTPH: Colangiografía transparietohep ática.

Ctrl.: Control.

cts.: Constantes.

CTX: Cefotaxima È Ciclofosfamida.

CU: Cordón umbilical.

Cu: Símbolo químico del cobre.

CU=2A+1V: Cordón umbilical (presenta) dos arterias y una vena.

CU:AVA: Cordón umbilical: arteria, vena, arteria.

CUM: Cistouretrografía miccional / Clínica Universitaria de Navarra.

CUMS: Cistouretrografía miccional seriada.

Curación: Término utilizado en oncología cuando la neoplasia está en remisión más de 3 o 4 años, es decir, sin que se pueda detectar la presencia de la enfermedad por la clínica o las exploraciones complementarias.

CV: Calidad de vida / Campos visuales /Capacidad vital / Cardiovascular / Cardioversión / Carga viral / Ciclofosfamida y vincristina, quimioterapia / Coeficiente de variación / Cuerda vocal / Cúpula vaginal / Curriculum vitae.

CVA: Cirugía vascular.

CVD: Cuerda vocal derecha.

CVE: Cardioversión eléctrica.

CVI: Crecimiento ventricular izquierdo / Cuerda vocal izquierda.

CX: Arteria coronaria circunfleja / Cérvixo cuello uterino / Cirugía.

CyA: Cultivo y antibiograma / Cyclosporine A (Ciclosporina A).

CYC: Cyclophosphamide (Ciclofosfamida).

CyC: Cabeza y cuello.

CyO: Consciente y orientado.

CYR: Captación de yodo radiactivo.

CZ: Carbimazol.

Cz.: Cicatriz.

D: Derecho / Desayuno / Diagnóstico / Diálisis / Dioptría / Diuresis / Dosis / Vitamina.

d: Deci- (10-1) / Día.

D1, D2, ..., D12: 1ª, 2ª, ..., 12ª.: Vértebras dorsales o torácicas. Es lo mismo que T1, T2, ..., T12.

DI, DII, DIII: Derivaciones del electrocardiograma.

D2: Ergocalciferol, vitamina.

D3: Colecalciferol, vitamina.

2-D: Bidimensional.

3-D: Tridimensional.

D y ce.: Desayuno y cena.

D, co. y ce.: Desayuno, comida y cena.

DA: Dermatitis atópica / Descendente anterior (arteria coronaria) / Doble anexectomía / Ductus arterioso.

DAA: Diarrea asociada a antibióticos / Doble arco aórtico.

DAB: Dolor abdominal.

Dactil(o)-: Prefijo que indica relación con el dedo.

DAE: Desfibrilador (cardiaco) automático externo.

DAI: Desfibrilador (cardiaco) automático implantable.

DAo: Disección aórtica.

DAP: Diámetro anteroposterior / Ductus arterioso persistente.

DAR: Dolor abdominal recurrente.

DAV: Dispositivo de acceso vascular / Dispositivo de asistencia ventricular.

DBM: Dobutamina.

DBP: Diámetro biparietal.

DBT: Diabetes / Dobutamina.

DC: Diagnóstico clínico / Diarrea crónica / Displasia cervical / Donante cadáver.

D-C-C: Desayuno, comida y cena.

Dch: Derecha / Derecho.

Dcha: Derecha.

Dcho: Derecho.

DCM: Deterioro cognitivo mínimo.

DCR: Dacriocistorrinostomía.

DD: Diagnóstico diferencial.

DDAVP: 1-desamino-8-D argininavasopresina (desmopresina).

DDD: Diclorodifenildicloroetano / Double Double Double (Marcapasos de doble «sensado», doble estímulo y doble respuesta).

DDDR: Marcapasos de doble «sensado», doble estímulo y doble respuesta. Es un marcapasos bicameral con respuesta de la frecuencia.

DDI: Diabetes dependiente de insulina / Marcapasos con estimulación auricular y ventricular secuencial.

ddI: 2´,3´-desoxicinosina (didanosina).

DDP: Diaminodicloroplatino (cisplatino).

DDT: Diclorodifeniltricloroetano.

DDVI: Diámetro diastólico de ventrículo izquierdo.

DE: Desviación estándar / Disfunción erectil.

DEA: Demencia en la enfermedad de Alzheimer / Descompensación edemoascítica.

DEM: Disociación electromecánica.

Dem-: Prefijo que indica relación con población.

Denst.: Densitometría.

DER: Dermatología (Servicio de).

Derma-, dermo-, dermat-, dermato-: Prefijos que indican relación con la piel. Descompensación cardiaca: Insuficiencia cardiaca.

Descompensada: Compensada insuficientemente.

-desis: Sufijo que significa fusión. Desprendimiento epifisario: Se codifica como fractura cerrada.

DEVD: Doble entrada del ventrículo derecho.

DEVI: Doble entrada del ventrículo izquierdo.

DFD: Densitometría fotónica dual.

DFH: Difenilhidantoína.

DFU: Densitometría de fotón único.

DG: Diabetes gestacional.

DHEA: Deshidroepiandrosterona.

DHT: Dihidroergotamina / Dihidrotestosterona.

DI: Diabetes insípida / Dosis inhibitoria mínima.

DIA: Diabetes de inicio en adultos / Diarrea infecciosa aguda.

Diabetes descompensada: Alteración de la glucemia en un diabético por una complicación o modificación de la dieta, ejercicio físico o tratamiento. Diabetes incontrolada o de difícil control: Es la diabetes que tiene hiperglucemia pese al tratamiento, dieta y ejercicio adecuados.

Diagnóstico principal: Es la enfermedad que, tras el estudio (en el momento del alta), el médico que atendió al paciente establece como causa del ingreso.

Diagnóstico secundario: Es aquella enfermedad que coexiste con el considerado diagnóstico principal en el momento del ingreso o se desarrolla durante la estancia hospitalaria e influye en su duración o en los cuidados administrados.

DID: Diabetes insulinodependiente.

DIG: Digestivo (Servicio de).

Dis-: Prefijo que significa dificultad, doloroso, malo, anormal, separación o duplicación.

DIT: Diiodotyrosine (Diyodotirosina).

DIU: Dispositivo intrauterino.

DIVAS: Digital intravenous angiography subtraction (Angiografía digital intravenosa de sustracción).

DL: Decúbito lateral / Dislipemia / Dosis letal.

dl: decilitro.

DLAo: Doble lesión aórtica (estenosis e insuficiencia).

DLCO: Diffusing capacity for lung carbón monoxide (Capacidad de difusión pulmonar del monóxido de carbono).

DLD: Decúbito lateral derecho.

DLI: Decúbito lateral izquierdo.

DLM: Dentro de los límites normales / Doble lesión mitral.

DLP: Dislipemia.

DM: Densitometría / Dermatomiositis / Diabetes mellitus / Duramadre.

DM1: Diabetes mellitus tipo 1.

DM2: Diabetes mellitus tipo 2.

DM tipo 1: Diabetes mellitus juvenil, con tendencia a la cetosis, de comienzo juvenil, diabetes mellitus insulinodependiente.

DM tipo 2: Diabetes mellitus del adulto, de la madurez, resistente a la cetosis, diabetes mellitus no insulinodependiente.

DMA: Dimetilamina È Dimetilarsénico.

DMG: Diabetes mellitus gestacional.

DMID: Diabetes mellitus insulinodependiente. Es la diabetes mellitus tipo 1 (aunque existen pacientes con diabetes mellitus tipo 2 que necesitan insulina).

DMNID: Diabetes mellitus no insulinodependiente. Es la diabetes mellitus tipo 2 (aunque existen pacientes con diabetes mellitus tipo 2 que necesitan insulina).

DMO: Densitometría ósea.

DMP: Disfunción del músculo papilar (de la válvula mitral).

DNA: Desoxyribonucleic acid (Ácido desoxirribonucleico, ADN)

DnE: Donante no emparentado.

DNID: Diabetes no insulinodependiente.

DNN: Depresión neonatal.

Doble lesión: Expresión usada en valvulopatías para describir la asociación deestenosis e insuficiencia de una válvula.

DOCA: Desoxicorticosterona.

Dolico-: Prefijo que indica relación con largo.

DOM: Dimetoximetil anfetamina.

DOPA: Dihydroxyphenylalanine (Dihidroxifenilalanina o dopamina).

DOTE: Desorientación temporoespacial.

DP: Decúbito prono / Derrame pericárdico / Descendente posterior (arteria coronaria) / Diagnóstico principal / Diálisis peritoneal.

DPA: Drenaje (venoso) pulmonar anómalo.

DPAC: Diálisis peritoneal ambulatoria continúa.

DPC: Déficit de Proteína C / Desnutrición proteinocalórica / Desproporción pelvicocefálica / Duodenopancreatectomía cefálica.

DPCA: Diálisis peritoneal continua ambulatoria.

DPG: Diphosphoglycerate (Difosfoglicerato).

DPM: Desarrollo psicomotor.

DPN: Diagnóstico prenatal / Diálisis peritoneal nocturna / Disnea paroxística nocturna / Diphosphopyridine nucleotide (Nucleótido de difosfopiridina).

DPP: Desprendimiento precoz de placenta / Doppler pulsado.

DPPI: Derivación portosistémica percutánea intrahepática.

DPPNI: Desprendimiento precoz de la placenta normalmente inserta.

DPS: Déficit de Proteína S.

DPTY: Derivación portosistémica transyugular.

DPx: Diagnóstico principal.

DR: Desprendimiento de retina / Distrés respiratorio.

Dr: Doctor.

DRA: Diarrea relacionada con antibióticos / Distrés respiratorio agudo.

Dra: Doctora.

DRG (o DRGs): Diagnosis Related Groups. Sistema de clasificación de pacientes (ver GRD).

DS: Decúbito supino / Demencia senil / Desviación estándar / Diagnóstico secundario.

DSA: Defecto septal auricular (o atrial) / Digital angiography subtraction (Angiografía digital de sustracción).

DSAV: Defecto del septo auriculoventricular.

DSID: Diabetes sacarina insulinodependiente.

DSM: Diagnostic and Statistical Manual (of Mental Disorders). Manual diagnóstico y estadística de los trastornos mentales. Es un sistema de clasificación de la Asociación Americana de Psiquiatría.

DSR: Distrofia simpática refleja.

DSTA: Demencia senil tipo Alzheimer.

DSV: Defecto del septo ventricular (cardiopatía congénita).

DSVD: Doble salida del ventrículo derecho (cardiopatía congénita).

DSVI: Diámetro sistólico ventricular izquierdo / Disfunción sistólica del ventrículo izquierdo È Doble salida del ventrículo izquierdo (cardiopatía congénita).

DT: Delirium tremens / Diámetro torácico / Discinesia tardía / Dolor torácico.

DTA: Demencia tipo Alzheimer / Dolor torácico agudo.

DTD: Diámetro telediastólico.

DTDVI: Diámetro telediastólico ventricular izquierdo.

dTGV: Dextrotrasposición de los grandes vasos.

dTMP: Deoxithymidine monophosphate (Monofosfato de desoxitimidina).

DTN: Defecto del tubo neural È Desviación del tabique nasal.

Dto.: Desprendimiento.

DTP: Dphteria, tetanus, pertussis (Vacuna de difteria, tétanos y tos ferina o vacuna triple).

DTS: Diámetro telesistólico.

DTT: Difteria, tétanos y tosferina (vacuna) / Ditiotreitol / Drenaje transtimpánico.

DTTOD: Drenaje transtimpánico de oído derecho.

DTTOI: Drenaje transtimpánico de oído izquierdo.

DTX: Dextrostix (Tiras reactivas).

DU: Dispositivo uterino.

dUDP: Deoxiuridine diphosphate (Desoxiuridindifosfato).

DUE: Diplomado universitario en enfermería.

dUMP: Deoxiuridine monophosphate (Desoxiuridinmonofosfato).

DV: Demencia vascular.

DVA: Deficiencia de vitamina A / Derivación ventriculoabdominal / Documento de voluntades anticipadas.

DVI: Disfunción ventricular izquierda.

DVP: Derivación ventriculoperitoneal / Drenaje venoso pulmonar.

DVPA: Drenaje venoso pulmonar anómalo.

DVPAP: Drenaje venoso pulmonar anómalo parcial.

DVPAT: Drenaje venoso pulmonar anómalo total.

Dx: Dextrosa / Diagnóstico.

DXM: Dexametasona.

DyL: Dilatación y legrado.

DZ: Diazepan.

E: Eosinófilo / Eritrocito / Esófago /Especificidad / Esterilización / Vitamina / (Tocoferol).

E. Coli: Escherichia Coli.

EA: Enfermedad actual / Enfermedad de Alzheimer / Espondilitis anquilosante / Estenosis aórtica.

EAA: Espectrometría de absorción atómica.

EAB: Equilibrio ácido-base.

EAC: Endarteriectomía carotídea / Enfermedad arterial coronaria (equivalente a aterosclerosis coronaria.

EACA: Enfermedades asociadas al consumo de alcohol / Epsilon-aminocaproicacid (Ácido epsilonaminocaproico).

EAD: Enfermedad articular degenerativa/ Enfermedad autosómica dominante.

-eae: Sufijo usado en bacteriología para la jerarquía Tribu.

EAHF: Eczema, asthma, hay fever (Complejo de eccema, asma y fiebre del heno).

EAI: Enfermedad autoinmune.

EAo: Estenosis aórtica.

EAP: Edema agudo de pulmón. Generalmente es expresión de una insuficiencia cardiaca izquierda y se codifica como tal. Pero si es de origen pulmonar (poco frecuente) se codifica de otra manera / Ecografía abdominopélvica / Equipo de atención primaria.

EAR: Enfermedad autosómica recesiva

EAT: Eating Attitudes Test (Test de actitudes hacia la alimentación).

EB: Endocarditis bacteriana / Enema de bario / Epitelioma basocelular / Epstein-Bar / Espina bífida / Exceso de bases.

EBA: Equipos de base asociativa / Exploración bajo anestesia.

EC: Edad cronológica / Enfermedad celiaca / Enfermedad común / Enfermedad coronaria / Enfermedad de Crohn / Escherichia coli / Exploraciones complementarias.

ECA: Enzima conversora de la angiotensina.

ECC: Extracorporeal circulation (Circulación extracorpórea).

ECG: Electrocardiograma.

ECHO: Enteric cytopathogenic human orphan viruses (Virus huérfanos humanos entéricos citopatogénicos).

ECJ: Enfermedad de Creutzfeldt Jakob.

ECM: Enfermedad con cambios mínimos / Esternocleidomastoideo.

ECMO: Extracorporeal membrane oxigenatión (Oxigenación por membrana extracorpórea).

Eco: Ecografía.

Eco-: Prefijo que indica relación con el ambiente.

Eco S25: Ecografía de la semana 25.

Eco TR: Ecografía transrrectal

Eco TT: Ecografía transtorácica.

Ecocardio.: Ecocardiografía.

ECP: Embarazo cronológicamente prolongado / Enfermedad crónica del pulmón / Enfermedad de las cadenas pesadas.

ECT: Emission computed tomography (Tomografía computarizada de emisión).

Ect(o)-: Prefijo que significa fuera de o en el exterior.

-ectomía: Sufijo que significa excisión o extirpación.

ECV: Enfermedad cardiovascular / Enfermedad cerebrovascular.

ECVA: Enfermedad cardiovascular arterioesclerótica / Enfermedad cerebrovascular arterioesclerótica.

EDG: Electrodermatografía / Electrodinograma.

EDO: Enfermedad de declaración obligatoria.

EDTA: Edetic acid (Ácido edético) / Ethylene diamine tetra-acetic (Ácido etilendiaminotetrac ético).

EE: Embarazo ectópico / Error estándar/ Esfinterotomía endoscópica / Extracción extracapsular / Extremidades.

EEB: Encefalopatía espongiforme bovina.

EEC: Extracción extracapsular de cristalino (o de catarata).

EECC: Exploraciones complementarias / Extracción extracapsular de cataratas.

EED: Ecocardiograma de estrés con dobutamina.

EEDBT: Ecocardiograma de estrés con dobutamina.

EEDD: Extremidades derechas.

EEF: Estudio electrofisiológico.

EEG: Electroencefalograma.

EEII: Extremidades inferiores / Extremidades izquierdas.

EEM: Error estándar de la media.

EES: Encefalopatía espongiforme subaguda (Creutzfeldt-Jakob).

EESS: Extremidades superiores.

EF: Edad fetal / Electroforesis / Espiración forzada / Espirometría forzada / Exploración física / Exploración funcional.

EFQM: European Foundation for Quality Management (Fundación Europea para la Gestión de la Calidad).

EFR: Exploración funcional respiratoria.

EG: Edad gestacional / Escala de Glasgow / Estado general.

EGB: Estreptococo del grupo B.

EGD: Esofagogastroduodenoscopia / Estudio gastroduodenal (radiológico).

EFG: Endothelial growth factor (Factor de crecimiento endotelial) / Epidermal growth factor (Factor de crecimiento epidérmico).

EGG: Electrogastrograma.

EH: Encefalopatía hepática / Enfermedad de Hirschsprung / Enfermedad de Hodgkin.

EHP: Enfermedad hemolítica perinatal/ Esofagopatía por hipertensión portal / Estenosis hipertrófica de píloro.

EHRN: Enfermedad hemolítica del recién nacido.

EHSC: Enfermedad de Hand-Schüller-Christian.

EI: Endocarditis infecciosa / Espacio intercostal.

EIA: Electroinmunoanálisis / Enzimoinmunoanálisis

EIAS: Espina ilíaca anterosuperior.

EIC: Ecografía intracoronaria / Espacio intercostal / Extensión (tumoral) intracraneal.

EICH: Enfermedad del injerto contra el huésped.

EID: Electroinmunodifusión / Extremidad inferior derecha.

EII: Enfermedad inflamatoria intestinal / Extremidad inferior izquierda.

EIP: Enfermedad inflamatoria pélvica / Enfermedad intersticial pulmonar / Extensor propio del índice.

EKG: Electrocardiograma.

ELA: Esclerosis lateral amiotrófica.

ELAF: Esclerosis lateral amiotrófica familiar.

ELF: Etopósido, leucovorín y fluorouracilo, quimioterapia.

ELI: Esfinterotomía lateral izquierda.

ELISA: Enzyme-linked immunosorbent assay (Análisis de inmunoabsorción ligada a las enzimas). Es un radioinmunoanálisis.

Elong.: Elongación.

ELX: Enfermedad ligada al cromosoma X.

EM: Electromiograma / Eritema multiforme / Esclerosis múltiple / Estancia media / Estenosis mitral.

EMA: Enfermedad mitroaórtica.

Emb.: Embarazo.

Embarazo a término: Embarazo que dura entre 37 y 42 semanas.

Embarazo ectópico: Embarazo que se produce cuando un óvulo fecundado anida y se desarrolla fuera del útero.

EMD: Edema macular difuso.

EMG: Electromiografía È Electromiograma.

EMH: Enfermedad de la membrana hialina.

EMO: Extracción de material de osteosíntesis.

EMP: Extracción manual de la placenta.

EN: Endovenoso / Eritema nodoso / Esclerosis nodular / Exploración neurológica.

ENA: Extractable nuclear antigen (Antígeno nuclear extraible).

END: Endocrinología (Servicio de).

Enf.: Enfermedad È Enfermo.

ENG: Electroneumografía / Electroneurografía / Electronistagmografía.

ENM: Enfermedad de neurona motora.

Enter(o)-: Prefijo que indica relación con el intestino.

EO: Edad ósea.

Eo: Eosinófilo.

EOG: Electroculograma / Electroftalmograma.

EOP: Enema opaco / Enfermedad ovárica poliquística.

EP: Embolia pulmonar / Enfermedad profesional / Enseñanza primaria / Estenosis pulmonar.

EPA: Edema pulmonar agudo / Enfermedad poliquística del adulto.

EPCO: Enfermedad pulmonar crónica obstructiva.

EPES: Empresa pública de emergencias sanitarias.

EPI: Enfermedad pélvica inflamatoria / Enfermedad pulmonar intersticial / Enfermedades propias de la infancia / Epilepsia / Episiotomía.

Epi.: Epidural (anestesia).

Epicrisis: Evaluación crítica de un caso clínico cuando ha finalizado. A veces se usa indebidamente como sinónimo de informe de alta.

EPINE: Estudio de prevalencia de la infección nosocomial en España.

EPL: Extensor largo del pulgar.

EPNP: Esclerotomía profunda no perforante.

EPO: Enfermedad poliquística del ovario / Enfermedad pulmonar obstructiva / Eritropoyetina (hormona que estimula la producción de eritrocitos o hematíes).

EPOC: Enfermedad pulmonar obstructiva crónica.

EPP: End-plate potential (Potencial de placa motora terminal)-

EPQA: Enfermedad poliquística del adulto.

EPR: Epitelio pigmentario retiniano / Esofagitis por reflujo.

EPS: Electroforesis de proteínas séricas / Electrophysiologic study (Estudio electrofisiológico).

EPV: Enfermedad de pequeños vasos/ Estenosis pulmonar valvular.

ER: Estudio radiológico.

ERCP: Endoscopic retrograde cholangiopancreatography (Colangiopancreatografía retrógrada endoscópica).

ERG: Electrorretinograma.

ERGE: Enfermedad por reflujo gastroesofágico.

Ergocalciferol: Vitamina D2.

ERM: Enfermedad residual mínima.

ERV: Expiratory reserve volume (Volumen de reserva espiratorio / Expiratory residual volume (Volumen residual espiratorio).

ES: Electroshock / Enfisema subcutáneo.

ESA: Espacio subacromial / Espacio subaracnoideo / Extrasístole auricular.

Escirro-: Prefijo que significa duro.

Esclero-: Prefijo que significa duro.

-escopia: Sufijo que significa acto de examinar.

-escopio: Sufijo que significa un instrumento para observación.

ESD: Extremidad superior derecha.

ESHI: Estenosis subaórtica hipertrófica idiopática.

ESI: Extremidad superior izquierda.

EsIs: Extremidades inferiores / Extremidades izquierdas.

-esis: Sufijo que significa acción, proceso o trastorno.

Espinal: Perteneciente o relativo a la columna vertebral o a la médula espinal.

Espir.: Espirometría.

Esplen(o)-: Prefijo que indica relación con el bazo.

Espondil(o)-: Prefijo que indica relación con una vértebra o con la columna vertebral.

Esquizo-: Prefijo que significa dividido.

Esteno-: Prefijo que significa estrecho.

Estenosis: Estrechez de un conducto (vaso sanguíneo, bronquio o intestino) o de una válvula cardiaca.

Estenosis mitral: Estrechamiento de la válvula mitral. Generalmente es consecuencia de una fiebre reumática anterior. Si se trata de un niño pequeño puede ser una estenosis mitral congénita pero es una enfermedad poco frecuente.

Estom(o), estomat(o)-: Prefijo que indica relación con la boca.

Estoma: Boca, abertura.

ESV: Extrasístole supraventricular / Extrasístole ventricular.

ESWL: Extracorporeal shock wave lithotripsy (Litotricia extracorpórea por ondas de choque).

ETB: Etambutol.

ETC: Ecocardiograma transtorácico.

ETCO2: End tidal CO_2 (CO_2 al final de la espiración).

ETE: Ecocardiograma transesofágico. Se codifica ecocardiograma + esogagoscopia/ Enfermedad tromboembólica.

ETEA: Enfermedad tromboembólica arterial.

ETEV: Enfermedad tromboembólica venosa.

ETS: Enfermedad de transmisión sexual.

ETT: Ecocardiograma transtorácico (el más habitual).

ETV: Enfermedad tromboembólica venosa.

Eu-: Prefijo que significa bueno, normal o fácil.

EUA: Esfínter urinario artificial.

Eutócico: Es el parto normal.

EV: Endovenoso / Enterovirus / Extrasístoles ventriculares.

EVA: Escala visual análoga / Estenosis de la válvula aórtica.

EVBP: Exploración de vía biliar principal.

EVG: Electroventriculograma.

Evol.: Evolución.

EVP: Estenosis de la válvula pulmonar.

EvW: Enfermedad de von Willebrand.

Ex.: Examen / Exéresis / Exploración.

Exitus: Muerte (del latín salida). La expresión completa es exitus letalis.

Exo-: Prefijo que significa fuera o hacia afuera.

Exp.: Exploración.

Expec.: Expectoración.

Expl.: Exploración.

Ext.: Externo È Extremidad.

Extras.: Extrasístoles.

Eyac.: Eyaculación.

ºF: Grados Fahrenheit.

F1: Falange proximal.

F2: Falange medial.

F3: Falange distal.

FA: Fase acelerada / Fecha de alta / Fibrilación auricular / Foco aórtico / Fontanela anterior / Fosfatasa ácida / Fosfatasa alcalina.

FAB: French-American-British, Cooperative group. Es una clasificación de tumores del Grupo cooperativo Franco-Americano-Británico.

Fab: Fragment antigen-binding (Fragmento de unión a antígeno).

FAC: Farmacología clínica (Servicio de) / Fibrilación auricular crónica / Fluorouracilo adriamicina y ciclofosfamida, quimioterapia.

Faco: Lenteja o mancha en forma de lenteja. Se suele referir al cristalino o como abreviatura de Facoemulsificación.

Facoemulsificación: Procedimiento de extracción de una catarata fragmentando el cristalino con ultrasonidos y aspirándolo.

Factor I: Fibrinógeno.

Factor II: Protrombina (también Pretrombina).

Factor III: Factor tisular (también Tromboplastina, Tromboplastina tisular o Extracto tisular).

Factor IV: Calcio.

Factor V: Proacelerina (también Factor lábil, Globulina aceleradora o Trombogén).

Factor VI: Acelerina.

Factor VII: Proconvertina (también SPCA, Factor estable, Acelerador de conversión de protrombina sérica o Autoprotrombina I).

Factor VIII: Factor antihemofílico A (también AHF, AHG, Cofactor plaquetar I, Globulina antihemofílica, Tromboplastinógeno, o Factor tromboplástico plasmático A).

Factor IX: Componente de la tromboplastina del plasma (también PTC, Factor antihemofílico B, Autoprotrombina II, Cofactor plaquetar II, Factor Christmas o Factor tromboplástico plasmático B).

Factor X: factor Stuart (también Factor Prower, Autoprotrombina III o Trombocinasa).

Factor XI: Antecedente de la tromboplastina del plasma (también PTA o Factor C antihemofílico).

Factor XII: Factor Hageman.

Factor XIII: Factor estabilizador de la fibrina (también FSF, Factor LakiLorand, Fibrinasa, Transagluminasa plasmática o Fibrinoligasa).

Factor antihemofílico A: Factor VIII de la coagulación.

Factor antihemofílico B: Factor IX de la coagulación.

Factor C antihemofílico: Factor XI de la coagulación.

Factor Christmas: Factor IX de la coagulación.

Factor estabilizador de fibrina: Factor XIII de la coagulación.

Factor estable: Factor VII de la coagulación.

Factor Hageman: Factor XII de la coagulación.

Factor lábil: Factor V de la coagulación.

Factor Laki-Lorand: Factor XIII de la coagulación.

Factor Prower: Factor X de la coagulación.

Factor Stuart: Factor X de la coagulación.

Factor tisular: Factor III de la coagulación.

Factor tromboplástico plasmático A: Factor VIII de la coagulación.

Factor tromboplástico plasmático B: Factor IX de la coagulación.

FAD: Flavinadenina dinucleótido.

FAG: Fosfatasa alcalina granulocitaria.

FAL: Fosfatasa alcalina.

Fallo cardiaco: Insuficiencia cardiaca o descompensación de una insuficiencia cardiaca.

FAP: Fibrilación auricular paroxística.

FAR: Farmacia (Servicio de).

FAV: Fístula arteriovenosa.

FAVI: Fístula arteriovenosa interna.

FB: Fenobarbital.

FBC: Fibrobroncoscopia.

FC: Fase crónica / Frecuencia cardiaca.

FCF: Fractura de cuello de fémur / Frecuencia cardiaca fetal.

FCG: Fonocardiograma.

FCM: Frecuencia cardiaca materna / Frecuencia cardiaca máxima.

FDA: Food and drug administration (Administraci ón de alimentos y medicamentos, Estados Unidos) / Frontoderecha anterior (posición fetal).

FE: Fluorouracilo y epirrubicina, quimioterapia / Fracción de eyección (parte del volumen de sangre ventricular que es capaz de eyectar el corazón por latido).

Fe: Símbolo químico del hierro.

FEA: Facultativo especialista de área.

FEC: Fluorouracilo, epirrubicina y ciclofosfamida, quimioterapia.

Fecalito: Concreción dura de heces. Coprolito.

Fecaloma: Gran acúmulo y endurecimiento de heces en el intestino puede simular un tumor abdominal.

FEF: Forced expiratory flowing (Flujo espiratorio forzado)

FEV: Forced expiratory volume (Volumen respiratorio forzado).

FEVI: Fracción de eyección del ventrículo izquierdo.

FFII: Fosas ilíacas.

FFR: Fractionated flow reserve (Reserva de flujo miocárdico fraccionado). Es un estudio funcional con guía de presión intracoronaria.

FG: Filtrado glomerular.

FGF: Fibroblast growth factor (Factor de crecimiento fibroblástico).

FI: Fecha de ingreso / Fosa ilíaca / Fracción inspiratoria.

Fibrilación auricular (o atrial): Arritmia cardiaca por contracción anómala de la musculatura de las aurículas. Se expresa también como FA, ACFA o ACxFA (Arritmia completa por fibrilación auricular).

Fibriloflutter auricular: Codificar como fibrilación auricular.

Fibrinógeno: Factor I de la coagulación.

Fibrinolisis: Disolución de la fibrina por acción de las enzimas. Puede ser un Diagnóstico o también un Procedimiento usado para tratar una trombosis.

Fibrinolítico: Que desintegra o disuelve la fibrina.

FID: Fosa ilíaca derecha.

FIDA: Frontoiliaca derecha anterior (posición fetal).

FIDP: Frontoiliaca derecha posterior (posición fetal).

FII: Fosa ilíaca izquierda.

FIIA: Frontoiliaca izquierda anterior (posición fetal).

FIIP: Frontoiliaca izquierda posterior (posición fetal).

-filia: Sufijo que significa deseo o atracción anormal o afinidad.

-fílico: Sufijo que significa afinidad por.

Filo-: Prefijo que indica relación con hojas o con la clorofila.

-filo: Sufijo que significa afinidad por.

Filodo: Es un fibroadenoma gigante de mama. Es sinónimo de Tumor Phyllodes.

FiO2: Fractional inspired oxygen (Fracción inspiratoria de oxígeno en el aire inspirado).

FIR: Farmacéutico interno y residente.

FIS: Fondo de Investigaciones Sanitarias de la Seguridad Social.

FISH: Fluorescent in situ hybridation (Hibridación in situ fluorescente).

Fisio: Función, naturaleza.

Fístula BT: Fístula Blalock-Taussig.

FIV: Fertilización in vitro.

FIV-RE: Fertilización in vitro y reposición de embriones.

FIV-TE: Fertilización in vitro y transferencia de embriones.

FJD: Fundación Jiménez Díaz.

FLAU: Flutter auricular.

FLD: Fosa lumbar derecha.

Flebo-: Prefijo que indica relación con vena.

FLI: Fosa lumbar izquierda.

FLT: Faringolaringectomía total.

Flutter auricular (o atrial): Es una arritmia cardiaca por contracción anómala de las aurículas distinta de la FA. Tiene código específico.

FM: Fibromialgia / Fórmula magistral / Fórmula menstrual / Fracaso de maduración.

FMN: Flavin mononucleotide (Mononucleótido de flavina).

FMO: Fallo (o fracaso) multiorgánico.

FMT: Frecuencia máxima teórica.

FN: Fecha de nacimiento È Fosa nasal.

FNAB: Fine needle aspiration biopsy (Biopsia por aspiración con aguja fina).

FND: Fosa nasal derecha

FNI: Fosa nasal izquierda.

FO: Fondo de ojo.

FOB: Fiberoptic bronchoscopy (Fibrobroncoscopia).

-fobia: Sufijo que significa temor patológico.

FOD: Fiebre de origen desconocido.

FOP: Fibrodisplasia osificante progresiva / Foramen ovale permeable.

Forage: Procedimiento consistente en hacer perforaciones en un hueso (se puede considerar una incisión de hueso).

Foto.: Fototerapia.

FP: Factor plaquetario / Ferritina plasmática / Fiebre puerperal / Flexor profundo / Flujo pulmonar / Fosa pélvica / Fosfolípido plaquetario.

FPI: Fallo primario del injerto / Fibrosis pulmonar idiopática.

FPP: Falta de progresión del parto / Fecha probable del parto / Fracción de proteínas plasmáticas.

FPR: Flujo plasmático renal.

FQ: Fibrosis quística.

FR: Factor de riesgo / Factor reumatoide / Fenómeno de Raynaud / Fracaso renal / Fracaso respiratorio / Frecuencia respiratoria.

FRA: Fracaso renal agudo / Fractura.

Fractura abierta: Rotura de un hueso con herida externa que comunica con el foco de fractura.

Fractura cerrada: Rotura de un hueso sin herida abierta en la piel que comunique con el foco de fractura.

Fractura complicada: Rotura de un hueso con lesión de las estructuras adyacentes. En CIE-9-MC se codifica como fractura abierta.

Fractura con cuerpo extraño: En CIE-9-MC se codifica como fractura abierta.

Fractura conminuta: Rotura de un hueso en la que se producen numerosos fragmentos o esquirlas. En CIE-9-MC se codifica como fractura cerrada.

Fractura de Guérin: Es una fractura maxilar. También se llama Fractura de Le Fort tipo I.

Fractura de marcha: Rotura de un hueso por un esfuerzo no habitual. En CIE-9-MC se codifica como fractura cerrada.

Fractura deprimida: Rotura de un hueso con hundimiento de un fragmento óseo. En CIE-9-MC se codifica como fractura cerrada.

Fractura elevada: En CIE-9-MC se codifica como fractura cerrada.

Fractura en tallo verde: Rotura de un lado de un hueso y el otro se encorva. En CIE-9-MC se codifica como fractura cerrada.

Fractura empotrada: En CIE-9-MC se codifica como fractura cerrada.

Fractura espiroidea (en espiral): Rotura de un hueso por torsión. En CIE-9-MC se codifica como fractura cerrada.

Fractura fisurada: Grieta de la superficie hacia el interior de un hueso sin abarcarlo. En CIE-9-MC se codifica como fractura cerrada.

Fractura infectada: En CIE-9-MC se codifica como fractura abierta.

Fractura lineal: En CIE-9-MC se codifica como fractura cerrada.

Fractura patológica: La producida por debilitamiento del hueso por una enfermedad como neoplasia u osteoporosis. En la CIE-9MC no se clasifican en el capítulo de Lesiones y traumatismos con el resto de las fracturas.

Fractura por proyectil: En CIE-9-MC se codifica como fractura abierta.

Fractura puntura: En CIE-9-MC se codifica como fractura abierta.

Fractura simple: En CIE-9-MC se codifica como fractura cerrada.

FRC: Factor de riesgo coronario / Factores de riesgo conocidos / Fracaso renal crónico / Fracaso respiratorio crónico / Functional residual capacity (Capacidad residual funcional).

FRCV: Factor de riesgo cardiovascular.

FRCVs: Factores de riesgo cardiovascular. Se debe escribir sin s aunque sea en plural.

FRD: Fosa renal derecha.

Fren: Diafragma È Mente.

FRI: Fibrosis retroperitoneal idiopática / Fosa renal izquierda.

Frig: Frigorífico.

FRR: Fracción de reserva de flujo (coronario).

FRV: Factor de riesgo vascular / Fístula rectovaginal.

FSC: Fosa supraclavicular.

FSD: Fondo de saco de Douglas.

FSF: Fibrin stabilizating factor (Factor estabilizador de la fibrina). Es el Factor XIII de la coagulación.

FSH: Follicle-stimulating hormone (Hormona foliculoestimulante).

FSHRH: Follicle-stimulating hormon-releasing hormonee (Hormona liberadora de hormona foliculoestimulante).

FSR: Flujo sanguíneo renal È Flujo sanguíneo retiniano.

FTA: Fluorescent treponemal antibody (Anticuerpos treponémicos fluorescentes).

FTA-ABS: Fluorescent treponemal antibody absortion (Absorción de anticuerpos treponémicos fluorescentes).

FTC: Forma, tamaño y consistencia.

FU: 5-fluorouracilo.

5-FU: 5-fluorouracilo.

FUM: Fecha de la última menstruación.

FUP: Fecha del último periodo.

FUR: Fecha de la última regla.

FURV: Fístula uretrovesical.

FUV: Fístula vesicovaginal.

FV: Fibrilación ventricular.

FVC: Forced vital capacity (Capacidad vital forzada).

FVCI: Filtro en vena cava inferior.

FVE: Forced volume expiration (Volumen espiratorio máximo).

FVG: Farmacovigilancia.

FVM: Frecuencia ventricular media.

FVU: Fístula vesicouterina.

FvW: Factor de von Willebrand.

Fx: Fractura.

G: Gástrico / Glucemia / Grado È

g: Gramo.

GA: Gasometría arterial / Gastroenteritis aguda.

Ga: Símbolo químico del galio.

GAA: Glaucoma de ángulo abierto / Glucemia alterada en ayunas.

GAB: Gasometría arterial basal. Es la determinación de la cantidad de gases en sangre arterial.

GABA: Gamma-aminobutyric acid (Ácido gammaminobutírico).

Gamma-GT: Gamma glutamil transferasa.

Gastr(o)-: Prefijo que indica relación con el estómago.

Gaw: Conductancia de la vía aérea.

GB: Ganglios basales / Gasto basal / Glucemia basal / Guillain-Barré, síndrome.

GBS: Group B streptococcal (Estreptococo del grupo B).

GC: Ganglio centinela / Gasto cardiaco / Glucocorticoides.

GCS: Glasgow coma scale (Escala de coma de Glasgow).

G-CSF: Granulocyte-colony stimulating factor (Factor estimulante de colonias de granulocitos).

GDH: Glutamato deshidrogenasa.

GDR (o GDRs): Ver GRD.

GDR-AP (o GDRs-AP): Ver GRDAP.

GDR-APR (o GDRs-APR): Ver GRD-APR.

GE: Gastroenteritis / Gastroenterología / Gastroesofágico / Glomeruloesclerosis.

GEA: Gastroenteritis aguda / Glomerulonefritis extramembranosa aguda.

GEC: Gastroenteritis crónica / Gastroenterocolitis.

GEN: Genética (Servicio de).

Genu: Prefijo o raíz que indica rodilla.

Ger(o)-, geront(o)-: Prefijo que indica relación con vejez.

Gest.: Gestación.

GF: Grado funcional.

GFT: Guía farmacoterapéutica.

GG: Gammaglobulina.

Gg.: Grageas.

GGT: Gammaglutamiltranspeptidasa.

GH: Ganglio hiliar / Growth hormone (Hormona del crecimiento).

GHRF: Growth hormone-releasing factor (Factor liberador de la hormona del crecimiento).

GHRH: Growth hormone-releasing hormone (Hormona liberadora de la hormona del crecimiento).

GI: Gastrointestinal / Gran invalidez.

GIFT: Gamete intrafallopian transfer (Transferencia intratubárica de gametos).

GIN: Ginecología (Servicio de).

Gine-, ginec-: Prefijo que indica relación con la mujer o con el aparato reproductor femenino.

GIP: Gastric inhibitory peptide (Péptido inhibidor gástrico).

GITS: Gastrointestinal therapeutic system (Sistema terapéutico gastrointestinal).

GL: Ganglio linfático / Grados de libertad.

Glc.: Glucemia / Glucosa.

Gloso-: Prefijo que indica relación con la lengua.

Gluc.: Glucemia / Glucosa.

GM: Gammapatía monoclonal.

GM-: Gramnegativo.

GM+: Grampositivo.

GM-CSF: Granulocyte-macrophage colonystimulating factor (Factor estimulante de colonias granulocitico-macrofágicas).

GMN: Glomerulonefritis.

GMP: Glucosa monophosphate (Monofosfato de glucosa) È Guanosine monophosphate (Monofosfato de guanosina).

GMSI: Gammapatía monoclonal de significado incierto.

GN: Glomerulonefritis.

GNA: Glomerulonefritis aguda.

Gnat-: Prefijo que indica relación con la mandíbula.

GNCM: Glomerulonefritis con cambios mínimos.

Gnos: Raíz de conocer.

GnRH: Gonadotropin-releasing hormone (Hormona liberadora de gonadotropinas).

Gon-: Prefijo que indica relación con la rodilla o con el semen y los órganos **reproductivos.**

GOT: Glutamic oxaloacetic transaminase (Transaminasa glutámico oxalacética).

GP: Ganglios pélvicos / Glicoproteínas / Glutatión peroxidasa.

G-6-P: Glucose 6 phosphate (Glucosa 6 fosfato).

GPC: Guías de práctica clínica.

G-6-PD: Glucose 6 phosphate dehydrogenated (Glucosa 6 fosfato deshidrogenasa).

G-6-PDH: Glucose 6 phosphate dehydrogenated (Glucosa-6-fosfato-deshidrogenasa).

GPE: Gastrostomía percutánea (con control) endoscópico.

GPT: Glutamic pyruvic transaminase (Transaminasa glutámico pirúvica).

GR: Gammagrafía renal / Glóbulos rojos / Glutatión reductasa.

gr: Gramo. El símbolo correcto es g sin r ni punto detrás.

-grafía: Sufijo que significa escritura, registro visual.

GRAM: Método de tinción para microorganismos que descubrió el médico danés de igual nombre.

-grama: Sufijo que significa registro gráfico.

Gramnegativo: Microorganismo que no se tiñen con el método de Gram.

Grampositivo: Microorganismos que se tiñen con el método de Gram.

GRD: Grupos Relacionados por el Diagnóstico. Es un Sistema de Clasificaci n de Pacientes utilizado en gestión hospitalaria que clasifica episodios de hospitalización en grupos isoconsumo si los diagnósticos y procedimientos están codificados con CIE-9-MC. Son las siglas en castellano de DRG.

GRD-AP: Grupos Relacionados por el Diagnóstico para todos los pacientes (All patients). Es un tipo de GRD para clasificar todo tipo de pacientes que se dan de alta de un hospital en grupos isoconsumo.

GRD-APR: Grupos Relacionados por el Diagnóstico para todos los pacientes (All patients) refinados. Es un tipo de GRD para clasificar todo tipo de pacientes que se dan de alta de un hospital valorando, además del consumo, la severidad de la enfermedad.

GRDs: Ver GRD. Se debe escribir sin s final.

GRDs-AP: Ver GRD-AP. Se debe escribir sin s final.

GRDs-APR: Ver GRD-APR. Se debe escribir sin s final.

grg.: Gragea.

GRP: Gastrin-releasing peptide (Péptido liberador de gastrina).

grs: Gramos. El símbolo correcto es g sin r ni s ni punto detrás aunque sea en plural.

GRT: Geriatría (Servicio de).

GS: Grupo sanguíneo.

GSA: Gasometría arterial. Es un análisis de gases en sangre arterial.

GSH: Glutatión reducido.

GSSG: Glutatión oxidado.

GSSG-SYN: Glutatión oxidado sintetasa.

GT: Galactosintransferasa / Gastrectomía total / Glutamiltranspeptidasa.

GTP: Guanosine-triphosphate (Trifosfato de guanosina).

GU: Genitourinario.

GUI: Glucosa, urea e iones.

GUIC: Glucosa, urea, iones y creatinina.

GvH: Graft versus host (Injerto contra huésped).

GW: Granulomatosis de Wegener.

Gy: Gray (Unidad de dosis de radiación absorbida equivalente a 100 rads).

H: Histerectomía / Hormona / Símbolo químico del hidrógeno.

h: Altura È Hematíe È Hora.

Hª: Historia.

HA: Hepatitis A / Hepatitis activa / Hepatitis aguda / Hipertrofia amigdalar.

HAAg: Hepatitis A antigen (Antígeno de la hepatitis A).

HAD: Hormona antidiurética / Hospitalización a domicilio (Servicio de).

HAI: Hemibloqueo anterior izquierdo / Hepatitis autoinmune.

HAP: Hipertensión arterial pulmonar.

HARI: Hemibloqueo anterosuperior de rama izquierda (del haz de His).

HARS: Hamilton Anxiety Rating Scale (Escala de Hamilton para la ansiedad).

HASI: Hemibloqueo anterosuperior de rama izquierda (del haz de His).

HAVA: Hipertrofia amigdalina y vegetaciones adenoideas.

HB: Hepatitis B / Hiperreactividad bronquial.

Hb.: Hemoglobina.

HBA: Hemibloqueo anterior (del Haz de His) / Hipertrofia biauricular.

HBAb: Hepatitis B antibody (Anticuerpo de la hepatitis B).

HbA1C: Hemoglobina glucosilada.

HBAg: Hepatitis B antigen (Antígeno de la hepatitis B).

HBAI: Hemibloqueo anterior izquierdo (del Haz de His).

HBC: Hepatitis B crónica.

HBc: Hepatitis B core antigen (Antígeno core del virus de la hepatitis B).

HBcAg: Hepatitis B core antigen (Antígeno core del virus de la hepatitis B).

HBD: Heparina a bajas dosis.

HBDH: Hidroxibutírico deshidrogenasa.

HBeAg: Hepatitis B e antigen (Antígeno e del virus de la hepatitis B).

HbF: Hemoglobina fetal.

HBI: Hiperreactividad bronquial intrínseca.

HBP: Heparina de bajo peso molecular / Hipertrofia benigna de próstata.

HBPI: Hemibloqueo posterior izquierdo (del Haz de His).

HBPM: Heparina de bajo peso molecular.

HBR: Horas de bolsa rota.

HBRF: Hemoglobina, recuento y fórmula.

HbS: Hemoglobina S, de la anemia drepanocítica o falciforme.

HBs: Hepatitis B surface (Antígeno de superficie de la hepatitis B).

HBsAg: Hepatitis B surface antigen (Antígeno de superficie de la hepatitis B o Antígeno Australia).

HC: Hemodiálisis crónica / Hemograma completo / Hemorragia cerebral/ Hepatitis C / Hepatopatía crónica / Historia clínica.

HCC: Hepatitis C crónica / Hepatocellular carcinoma (Carcinoma hepatocelular).

HCD: Hipocondrio derecho.

HCE: Historia clínica electrónica.

HCFA: Health Care Financing Administration (Administración para la financiación de la asistencia sanitaria, Estados Unidos).

HCG: Human chorionic gonadotropin (Gonadotropina coriónica humana).

HCI: Hipocondrio izquierdo.

HCL: Hipercolesterolemia.

HCl: Historia clínica.

HCM: Hemoglobina corpuscular media.

HCP: Hepatitis crónica persistente / Historia clínica perinatal.

HCS: Human chorionic somatotropic (Somatotropina coriónica humana).

Hct.: Hematócrito.

Hcto.: Hematócrito.

HCV: Hepatitis C virus (Virus de la hepatitis C).

HD: Hemiplejia derecha / Hemitórax derecho / Hemodiálisis / Hemorragia digestiva / Hepatitis D / Hernia discal / Hipocondrio derecho / Hospitalización domiciliaria.

HDA: Hemorragia digestiva aguda / Hemorragia digestiva alta.

HDAg: Hepatitis D antigen (Antígeno de la hepatitis D).

HDB: Hemorragia digestiva baja.

HDC: Hemodiálisis continua / Hemorragia digestiva crónica.

HDD: Hospital de día (Servicio de).

HDFAVC: Hemodiafiltración arteriovenosa continua.

HDFVVC: Hemodiafiltración venovenosa continua.

HDL: High-density lipoproteins (lipoproteínas de alta densidad).

HDL-C: High-density lipoproteins colesterol (Colesterol-HDL).

HDOM: Hospitalización a domicilio (Servicio de).

HDP: Hemodiálisis periódica.

HDQ: Hospital de día quirúrgico. Hereditario: Que se transmite genéticamente de los progenitores a la descendencia.

Hernia inguinal directa: Es sinónimo de hernia inguinal interna.

Hernia inguimal indirecta: Es sinónimo de hernia inguinal externa uoblicua.

Hernioplastia por laparoscopia: Procedimiento de reparación de una hernia abdominal por vía laparoscópica en la que se usa malla.

HETE: Hydroxyeicosatetraenoic acid (Ácido hidroxieicosatetraenoico).

HF: Hipercolesterolemia familiar / Historia familiar.

HG: Hemorragia gástrica / Hipogastrio.

Hg: Símbolo químico del mercurio.

Hgb.: Hemoglobina.

hGH: Human growth hormone (Hormona del crecimiento humana).

HGI: Hemorragia gastrointestinal.

HGPRT: Hypoxantine-guaninephosphorybosil transferase (Hipoxantina-guaninafosforribosil-transferasa).

HH: Haz de His / Hernia de hiato.

HI: Hernia inguinal.

5-HIAA: 5-Hydroxyindolacetic acid (Ácido 5-hidroxindolacético).

HIC: Hemorragia intracraneal / Herida incisocontusa / Hipertensión intracraneal.

Hickman: Catéter intravenoso implantable con trayecto subcutáneo y salida a través de la piel para acceso vascular frecuente.

HID: Hernia inguinal derecha.

HII: Hernia inguinal izquierda.

Hilio: Depresión u hoyo en la parte de un órgano por donde penetran los vasos y nervios.

Hiperlipoproteinemia I: Hiperlipemia exógena.

Hiperlipoproteinemia IIa: Hipercolesterolemia.

Hiperlipoproteinemia IIb: Hiperlipidemia combinada.

Hiperlipoproteinemia III: Hiperlipidemia Remanente.

Hiperlipoproteinemia IV: Hiperlipemia endógena.

Hiperlipoproteinemia V: Hiperlipemia mixta.

Hist(o)-: Prefijo que indica relación con un tejido.

Hist.: Histerectomía.

Histero-: Prefijo que indica relación con útero o con histeria.

HIV: Human immunodeficiency virus (Virus de la inmunodeficiencia humana).

HLA: Histocompatibility locus antigen (Locus del antígeno de histocompatibilidad) / Human leukocyte-antigens (Antígenos leucocitarios humanos).

HDRS: Hamilton Depression Rating Scale. (Escala de Hamilton para la depresión).

HDVVC: Hemodiálisis venovenosa continua / Hemodiálisis vía venosa central.

HE: Hematoxilina-eosina / Hepatitis / Hipertensión endocraneal / Homocisteína.

He: Símbolo químico del helio.

He.: Hematíe.

HEL: Hematología y Laboratorio (Servicio de).

HELLP: Hemolysis, elevated liver-enzyme and low platelet syndrome (Síndrome con hemólisis, elevación de enzimas hepáticas y descenso de las plaquetas).

HEM: Hematología (Servicio de) / Hepatoesplenomegalia.

Hemit.: Hemitórax.

Hemo-, haemo-, hema-, haema-: Prefijos que indican relación con la sangre.

HEMPAS: Hereditary erithroblastic multinuclearity with positive acified serum test (Anemia eritroblástica multinuclear asociada con prueba de Ham en suero acidificado positiva).

Hepat-: Prefijo en relación con el hígado.

HLP: Hiperlipemia / Hiperlipidemia / Hiperlipoproteinemia.

HMG: Human menopausal gonadotropin (Gonadoptropina menopáusica humana).

HMG-CoA: 3-hidroxi-3metilglutaril coenzima A.

HNa: Heparina sódica.

HNF: Heparina no fraccionada.

HNP: Hernia del núcleo pulposo.

H2O2: Peróxido de Hidrógeno (agua oxigenada).

HOSPIDOM: Hospitalización a domicilio (Servicio de).

HP: Hipertensión portal / Hipertensión pulmonar / Historia personal.

Hp: Haptoglobina / Helicobacter Pylori.

HPB: Hepatitis persistente tipo B / Hipertrofia prostática benigna.

HPG: Human pituitary gonadotrophin (Gonadotropina hipofisaria humana).

HPI: Hemibloqueo posterior izquierdo.

HPIV: Hemorragia periintraventricular.

HPL: Human placental lactogen (Lactógeno placentario humano).

HPLC: High-performance liquid chromatography (Cromatografía en fase líquida de alta resolución).

HPN: Hemoglobinuria paroxística nocturna.

HPT: Haptoglobina / Hiperparatiroidismo/ Hipertensión portal / Hipertensión pulmonar.

HPV: Human papilloma virus (Virus del papiloma humano o Virus del papiloma).

HRA: Histamine receptor antagonist (Antagonista de los receptores de la histamina).

HRB: Hiperreactividad bronquial.

HRBI: Hiperreactividad bronquial inespecífica.

HRF: Hemograma, recuento y fórmula/ Hipertensión resistente a la farmacoterapia/ Histamine releasing factor (Factor liberador de histamina).

HS: Hematoma subdural / Hemorragia subaracnoidea / Hepatitis sérica /Herpes simple / Hipertensión sistólica.

HSA: Hemorragia subaracnoidea.

HSD: Hematoma subdural.

HSG: Histerosalpingografía.

HST: Hernioplastia sin tensión (con malla) / Hormona somatotrópica.

HSV: Herpes simplex virus (Virus del herpes simple).

HT: Hemitórax / Hipertensión / Histerectomía / Histerectomía total.

5-HT: 5-hidroxitriptamina o serotonina.

HTA: Hipertensión arterial / Histerectomía total abdominal.

HTAD: Hipertensión arterial diastólica.

HTAE: Hipertensión arterial esencial.

HTAPP: Hipertensión arterial pulmonar primaria.

HTAS: Hipertensión arterial sistólica.

HTCA: Histerectomía total conservando anejos.

Htc.: Hematocrito.

HTG: Hipertrigliceridemia.

HTH: Hueso tendón hueso (injerto) / Injerto heterólogo humano.

HTIC: Hipertensión intracraneal.

HTLV: Human T cell leukemia/lymphoma virus (Virus de la leucemia/linfoma de células T humanas).

Hto.: Hematócrito.

HTP: Hipertensión portal / Hipertensión pulmonar.

HTV: Histerectomía vaginal.

HTVCP: Hipertensión venocapilar pulmonar.

HU: Hernia umbilical. Hughes (operación de): Es un tipo de injerto palpebral.

HV: Hallus valgus / Hepatitis vírica / Herpes virus (Virus del herpes).

HVA: Hepatitis vírica A / Hepatitis vírica aguda / Hipertrofia de vegetaciones adenoideas / Homovanilic acid (ácidohomovanílico).

HVB: Hepatitis B.

HVC: Hepatitis C.

HVCP: Hipertensión venocapilar pulmonar.

HVD: Hepatitis viral D / Hipertrofiaventricular derecha.

HVI: Hipertrofia ventricular izquierda.

HVR: Hipertensión vasculorrenal.

HZ: Herpes zoster.

Hzos: Herpes zoster.

I: Impresión / Índice / Infección / Insuficiencia / Insulina / Izquierda(o) / Símbolo químico del yodo.

IA: Índice alfabético / Insuficiencia aórtica.

ia: Intraarterial.

IAA: Indolacetic acid (Ácido indolacético).

IAC: Inseminación artificial (con semen) del cónyuge.

IAD: Inseminación artificial a partir de donante.

IAH: Índice de apnea/hipopnea.

IAM: Infarto agudo de miocardio.

IAM no Q: Infarto agudo de miocardio sin onda Q. Es lo mismo que subendocárdico o no transmural.

IAMNQ: Infarto agudo de miocardio no (sin onda) Q. Es lo mismo que subendocárdico o no transmural.

IAM-Q: Infarto agudo de miocardio con onda Q. Es lo mismo que transmural.

IAo: Insuficiencia (de la válvula) aórtica.

IARC: International Agency for Research of Cancer (Agencia internacional para la investigación del cáncer).

IArtic.: Interarticular.

ATP: Inmunoadherencia del Treponema pallidum.

Iatr-: Prefijo en relación con médico.

IBC: Intubación bicanalicular.

IBP: Ibuprofeno.

IBV: Infection bronchitis virus (Virus de la bronquitis infecciosa).

IC: Inspiratory capacity (Capacidad inspiratoria) / Insuficiencia cardiaca / Insuficiencia coronaria / Interconsulta / Intercuadrántica.

ICA: Islet cell antibody (Anticuerpos contra las células de los islotes).

ICAM: Intercellular adhesion molecules (Moléculas de adherencia intercelular).

ICC: Insuficiencia cardiaca congestiva.

ICD: International Classification of Diseases (Clasificación Internacional de Enfermedades).

I

CD-9-CM: International Classification of Diseases, 9th revision, Clinical Modification (Clasificación Internacional de Enfermedades,9.ª revisión, Modificación Clínica).

ICE: Idarrubicina, citarabina y etopósido, quimioterapia / Ifosfamida, carboplatino y etopósido, quimioterapia / Infarto cardioembólico.

ICG: Impresión clínica global.

ICI: Insuficiencia cardiaca izquierda.

ICMI: Isquemia crónica de miembros inferiores.

ICNR: Isocoria normorreactiva.

ICO: Instituto Catalán de Oncología

ICS: Institut Català de la Salut (Instituto Catalán de la Salud).

ICSH: Interstitial cell stimulating hormone (Hormona estimulante de las células intersticiales).

ICSI: Intra cytoplasmatic sperm injection (Inyección intracitoplasmática de espermatozoides). Se inyectan los espermatozoides en el citoplasma del ovocito con transferencia posterior al útero.

ICT: Índice cardiotorácico / Irradiación corporal total.

Ict.: Ictericia.

ICV: Inmunodeficiencia común variable.

ID: Impresión diagnóstica / Inmunodifusión / Intradérmico.

id.: Idem, lo mismo / Intradérmico.

-idae: Sufijo usado en virología para la jerarquía Familia.

IDCV: Inmunodeficiencia común variable.

IDL: Intermediate-density lipoproteins (Lipoproteínas de densidad intermedia).

IDU: Iododeoxyuridine (Yododesoxiuridina).

IDVC: Inmunodeficiencia variable común.

IECA: Inhibidor del enzima conversor de la angiotensina.

IECAs: Inhibidores del enzima conversor de la angiotensina. Lo correcto es escribirlo sin S aunque sea en plural.

IEF: Inmunoelectroforesis.

IF: Inmunofijación / Interfalángica, articulación.

IFD: Inmunofluorescencia directa / Interfalángica distal, articulación.

IFI: Inmunofluorescencia indirecta.

IFM: Ifosfamida.

IFN: Interferón.

IFP: Interfalángica proximal, articulación.

IG: Inmunoglobulina / Intolerancia a la glucosa.

Ig: Inmunoglobulina. Hay cinco clases: IgM, IgG, IgA, IgD e IgE.

IGF-1: Insulin-like growth factor (Factor de crecimiento similar a la insulina, tipo 1).

IGF-2: Insulin-like growth factor (Factor de crecimiento similar a la insulina, tipo 2).

IGT: Impaired glucose tolerance (Alteración de la tolerancia a la glucosa).

IGZ: Inmunoglobulina del zoster.

IHQ: Inmunohistoquímica, técnica de.

IL: Infarto lacunar / Infiltración local / Interleucina.

ILE: Interrupción legal de embarazo / Intervalo libre de enfermedad.

Íleo: Obstrucción de los intestinos.

Íleon: Porción distal del intestino delgado.

Ili(o)-: Prefijo que significa relación con ilion o región ilíaca.

Ilion: Hueso ilíaco.

ILPH: Injerto libre de piel hendida.

ILPT: Injerto libre de piel total.

Ilr: Interleucina recombinante.

IL-1Ra: Interleukin 1 receptor antagonist (Antagonista del receptor de la interleucina 1).

ILT: Incapacidad laboral transitoria.

IM: Infarto de miocardio / Insuficiencia mitral.

Im.: Intramuscular.

IMA: Infarto de miocardio agudo.

IMAO: Inhibidores de la monoaminoxidasa.

IMC: Índice de masa corporal / Índice metabólico cerebral / Inmunidad mediada por células.

IMi: Insuficiencia mitral.

IMO: Intolerancia al material de osteosíntesis.

IMP: Infarto de miocardio perioperatorio / Inosine monophosphate (Monofosfato de inosina).

Imp.: Impedancia.

Impigment hombro: Trastorno similar a una Periartritis escapulohumeral. (Impigment significa atrapamiento en inglés).

IMQ: Igualatorio Medico-Quirúrgico.

IMRT: Intensity modulated radiation therapy (Radioterapia de intensidad moderada).

IMSALUD: Instituto Madrileño de Salud.

IN: Infección nosocomial.

In: Símbolo químico del indio.

in: Inch (pulgada). Equivale a 25,4 mm.

-inae: Sufijo usado en bacteriología para la jerarquía Subtribu / Sufijo usado en virología para la jerarquía Subfamilia.

-ineae: Sufijo usado en bacteriología para la jerarquía Suborden.

Inf.: Inferior.

Infl.: Inflamatorio.

Ing.: Inguinal

INH: Isoniacida.

Inh.: Inhalatorio.

INM: Inmunología (Servicio de).

INN: International nonpropietary name (Nombre internacional no patentado). Es el nombre genérico internacional de sustancias farmacológicas.

INR: Inter national normalised ratio (Cociente internacional normalizado). Es una determinación analítica para controlar el nivel de anticoagulación.

INS: Insulina.

INSALUD: Instituto Nacional de la Salud.

INSS: Instituto Nacional de la Seguridad Social.

Insuficiencia cardiaca: Entidad clínica que resulta del desequilibrio entre las necesidades del organismo y la capacidad de aporte sanguíneo del corazón.

Insuficiencia cardiaca congestiva: Insuficiencia cardiaca derecha. Hay signos y síntomas de que falla el ventrículo derecho.

Int.: Interno È Intervención.

IO: Incontinencia de orina È Intraocular.

IOE: Incontinencia de orina de esfuerzo.

IOT: Intubación orotraqueal.

IP: Íleo postoperatorio / Incapacidad permanente / Índice de protrombina / Índice ponderal / Insuficiencia pulmonar/ Intraperitoneal.

IPA: Incapacidad permanente absoluta.

IPP: Incapacidad permanente parcial.

IPPB: Intermitent positive pression breathing (Ventilación con presión positiva intermitente).

IPPV: Intermitent positive pression ventilation (Ventilación con presión positiva intermitente).

IPT: Incapacidad permanente total.

IPZ: Insulina protamina zinc.

IQ: Índice de Quick / Intervención quirúrgica.

IR: Insuficiencia renal / Insuficiencia respiratoria / Intrarrectal.

Ir: Símbolo químico del iridio.

IRA: Infección respiratoria aguda / Insuficiencia renal aguda / Insuficiencia respiratoria aguda.

IRC: Insuficiencia renal crónica / Insuficiencia respiratoria crónica.

IRCT: Insuficiencia renal crónica terminal.

IRG: Insuficiencia renal grave / Insuficiencia respiratoria global.

IRI: Immunoreactive insulin (Insulina inmunorreactiva):

IRM: Imágenes de resonancia magnética.

IRN: Insuficiencia respiratoria nasal.

IRP: Insuficiencia respiratoria parcial.

IRS: Infección respiratoria superior / Inhibidor de la recaptación de serotonina.

IRT: Insuficiencia renal terminal.

IRV: Inspiratory reserve volume (Volumen de reserva inspiratorio).

IS: Intrasinovial / Isquemia silente.

ISA: Intrisic sympatomimetic activity (Actividad simpaticomimética intrínseca).

ISRS: Inhibidor selectivo de la recaptación de serotonina.

ist: Índice de saturación de la transferrina.

IT: Incapacidad temporal / Inmunotoxina / Insuficiencia tricuspídea / Intratecal / Intratraqueal / Isquemia transitoria.

ITB: Índice tobillo/brazo / Inducción del trabajo del parto.

ITCF: Isotiocianato de fluoresceína.

ITG: Intolerancia a la glucosa.

ITGV: Intrathoracic gas volume (Volumen de gas intratorácico).

ITS: Infección de transmisión sexual.

ITT: Incapacidad total de trabajo / Insuline tolerance test (Prueba de tolerancia a la insulina).

ITU: Infección del tracto urinario.

IU: Incontinencia urinaria / Infección urinaria.

IUE: Incontinencia urinaria de esfuerzo.

IUF: Incontinencia urinaria femenina.

iv.: Intravenoso / Intraventricular.

IVA: Interventricular anterior (arteria coronaria).

IVB: Isquemia vertebrobasilar.

IVC: Inmunodeficiencia variable común.

IVDSA: Intravenous digital substraction arteriography (Arteriografía por sustracción digital intravenosa).

IVE: Interrupción voluntaria del embarazo.

IVI: Instituto Valenciano de Infertilidad / Insuficiencia ventricular izquierda (En codificación con la CIE-9-MC, equivale a edema agudo de pulmón de origen cardiaco).

IVP: Interventricular posterior (coronaria).

IVRS: Infección de vías respiratorias superiores.

IVU: Infección de vías urinarias.

IVUS: Intravascular ultrasonography (Ultrasonografía intravascular o ECO intravascular). Se usa en la descripción de un cateterismo cardiaco para indicar ECO intracoronario.

IY: Ingurgitación yugular.

Izda: Izquierda.

Izdo: Izquierdo.

J: Juicio / Símbolo de Joule (julio). Unidadde energía y calor.

JC: Juicio clínico / Virus JC (tipo de virus del Papiloma humano). Las letras JC corresponden a las iniciales del primer paciente en que se aisló.

JD: Juicio diagnóstico.

JDx: Juicio diagnóstico.

JHF: Jaqueca hemipléjica familiar.

JM: Juicio médico.

JUAP: Jefe de unidad de atención primaria.

K: Karnofsky (escala de) / Kelvin (unidad de temperatura termodinámica) / Símbolo químico del potasio (kalium en latín) / Vitamina K (Factor antihemorrágico).

k: Kilo (103).

Kaliemia: Potasemia. Nivel de potasio en sangre.

Karnofsky, escala de: Valoración de la capacidad de un paciente para realizar actividades normales.

kcal: Kilocaloría.

KCO: Coeficiente de transferencia de monóxido de carbono.

kg: Kilogramo. Es el símbolo de la unidad de masa en el Sistema Internacional de Unidades.

17KGS: 17-Ketogenosteroids (17-etogenosteroides).

Killip: Puntuación de la insuficiencia cardiaca en el infarto agudo de miocardio.

KK: Killip y Kimball. Puntuación de la insuficiencia cardiaca en el infarto agudo de miocardio.

Klatskin (Tumor de): Es un colangiocarcinoma hiliar.

17KS: 17-Ketosteroids (17-cetosteroides).

K-T: Klippel-Trenaunay, Síndrome de.

KTZ: Ketoconazol.

KZ: Ketoconazol.

L: Lactancia / Leucocito / Leucemia / Linfocito / Lóbulo / Lumbar / Símbolo de litro.

l: Símbolo de litro.

L1, L2, L3, L4 y L5: 1ª, 2ª, 3ª, 4ª y 5ª vértebras lumbares.

LA: Lactancia artificial / Linfadenectomía axilar / Líquido amniótico / Líquido ascítico.

LA no L: Leucemia aguda no linfoblática.

LAA: Línea axilar anterior.

LAAM: Levoalfaacetilmetadol.

LAB: Laboratorio (Servicio de).

Lact.: Lactancia.

LADA: Late autoimmune diabetes mellitusin adults (Diabetes mellitus autoinmune tardía del adulto).

LAF: Laminar air flow (Flujo de aire laminar) / Lymphocyte-activating factor (Factor activador de linfocitos).

LAK: Lymphokine-activated killer cells (Células agresoras activadas por linfocinas).

LAL: Leucemia aguda linfoblástica.

LAM: Leucemia aguda mieloblástica / Líquido amniótico meconial.

LAMG: Lesiones agudas de la mucosa gástrica. Se puede considerar una gastritis aguda.

LANL: Leucemia aguda no linfoblática.

LAP: Laparoscopia / Laparotomía / Latido auricular prematuro / Leucemia aguda promielocítica / Leucinaminopeptidasa.

Lapar-: Prefijo relacionado con abdomen.

Laparot.: Laparotomía.

LAS: Lateral amyotrophic sclerosis (Esclerosis lateral amiotrófica) / Lung alveolar surfactant (Surfactante alveolar pulmonar).

L-ASA: L-asparginasa.

LASER: Light amplification by stimulated emission of radiation (Amplificación de la luz mediante la emisión estimulada de radiación). Es un haz de luz amplificada usada en múltiples procedimientos. Se puede escribir Láser o láser (sin mayúsculas).

Lat.: Latidos.

Latcko: Es una cesárea extraperitoneal.

LATS: Long-acting thyroid stimulator (Estimulante tiroideo de acción prolongada).

Lav.: Lavado.

LAVH: Laparoscopic assisted vaginal hysterectomy (Histerectomía vaginal asistida por laparoscopia).

Lazy T: Plastia romboidal en el párpado.

LBA: Lavado broncoalveolar.

LBP: Lavado broncopulmonar.

LCA: Ligamento cruzado anterior (de la rodilla).

LCAT: Lecitina-colesterol-aciltransferasa.

LCC: Luxación congénita de cadera.

LCF: Latidos cardiacos fetales.

LCFA: Limitación crónica al flujo aéreo.

LCM: Linfoma de células del manto.

Lcm.: Leucemia.

LCP: Ligamento cruzado posterior (de la rodilla).

LCR: Líquido cefalorraquídeo / Locorregional, anestesia.

LCS: Ligadura del cayado de la safena (vena).

LD: Lactatodeshidrogenasa / Lateral derecho / Levodopa / Lóbulo derecho.

LDCG: Linfoma difuso de células grandes.

LDH: Lactatodeshidrogenasa / Linfoma difuso histiocítico.

LDL: Low-density lipoprotein (Lipoproteína de baja densidad).

L-DOPA: Levodopa o L-3,4 dihidroxifenilalanina.

LE: Lista de espera / Lupus eritematoso.

LEC: Legrado endocervical / Lesión endocervical / Lupus eritematoso crónico.

LED: Lupus eritematoso discoide / Lupus eritematoso diseminado.

LEMP: Leucoencefalopatía multifocal progresiva.

LEOC: Litotricia externa por ondas de choque.

LES: Lupus eritematoso sistémico.

Let-: Prefijo relacionado con muerte.

Leuco.: Leucocitos.

LF: Latidos fetales / Linfoma folicular / Longitud femoral.

LFA: Limitación al flujo aéreo.

LFH: Lesión focal hepática / Linfoma de Hodgkin / Litro de hemofiltrado.

LGC: Leucemia granulocítica crónica / Linfadenectomía del ganglio centinela.

LGL: Lown-Ganong-Levine, síndrome.

LGV: Linfogranuloma venéreo.

LH: Luteinizing hormone (Hormona luteinizante).

LHRF: Luteinizing hormone-releasing factor (Factor de liberación de la hormona luteinizante).

LHRH: Luteinizing hormone-releasing hormone (Hormona liberadora de la hormona luteinizante).

Li: Símbolo químico del litio.

LIA: Lente intraocular anterior.

LICE: Línea intercuadrántica externa.

Lichtenstein: Técnica de hernioplastia con malla.

LICI: Línea intercuadrántica inferior / Línea intercuadrántica interna.

LICO: Litiasis intracoledociana.

LICS: Línea intercuadrántica superior.

LID: Lóbulo inferior derecho. Parte del pulmón derecho que depende del bronquio inferior derecho.

Lig.: Ligamento.

LII: Lóbulo inferior izquierdo. Parte del pulmón derecho que depende del bronquio inferior izquierdo.

LIMA: Left internal mammary arter y (Arteria mamaria interna izquierda).

LIO: Lente intraocular. Se usa para indicar el procedimiento de implantar una lente intraocular tras extraer una catarata.

LIP: Lente intraocular posterior. Se usa para indicar el procedimiento de implantar una lente intraocular posterior tras extraer una catarata.

-lisis: Sufijo que significa destrucción.

Lito: Prefijo o sufijo que indica relación con piedra o cálculo.

LKM: Liver-kidney microsomal (Anticuerpos microsomales contra hígado y riñón).

LL: Leucemia linfoide È Linfoma linfoblástico / Linfoma linfocítico.

LLA: Leucemia linfoblástica (o linfoide) aguda.

LLC: Leucemia linfoblástica (o linfoide) crónica.

LLE: Ligamento lateral externo.

LLETZ: Large loop excision transformation zone (Escisión con asa grande de la zona de transformación). Se utiliza para resecciones de lesiones de cuello uterino.

LLG: Leucemia de linfocitos grandes.

LLI: Ligamento lateral interno.

LLP: Linfoma linfoplasmocitoide.

LLTA: Leucemia linfoma T del adulto.

LM: Lactancia materna / Laparotomía media / Leucemia del manto / Leucemia mieloblástica / Línea media /Linfoma mixto / Líquido meconial / Lóbulo medio.

l/m: Litros por minuto. La forma correcta es l/min (sin punto).

LMA: Lesión medular aguda // Leucemia mieloide aguda.

LMC: Leucemia mieloide crónica / Línea media clavicular.

LMC-A: Leucemia mieloide crónica atípica.

LMD: Lóbulo medio derecho. Parte del pulmón derecho que depende del bronquio medio derecho.

LMET: Lesión meduloespinal traumática.

LMI: Laparotomía media infraumbilical / Línea media infraumbilical.

LMMC: Leucemia mielomonocítica crónica.

LMMJ: Leucemia mielomonocítica juvenil.

LMP: Leucoencefalopatía multifoca progresiva.

LNH: Linfoma no Hodgkin.

Lob.: Lóbulo.

LOE: Lesión ocupante de espacio. Es una expresión utilizada en el diagnóstico por la imagen para indicar la existencia de algo en una víscera (como el hígado) pero no se sabe si es untumor, un quiste o cualquier otra lesión.

-logía: Sufijo que significa ciencia o estudio.

Logo-: Prefijo que indica relación con el habla o la palabra.

LOPS: Ley de ordenación de profesiones sanitarias.

Lowenstein: Cultivo de micobacterias (para el diagnóstico de tuberculosis).

LP: Leucemia prolinfocítica / Leucopenia/ Linfadenectomía pélvica / Líquido pleural.

LPA: Latido prematuro auricular / Leucemia promielocítica aguda.

LPAA: Ligamento peroneo astragalino anterior.

LPD: Lavado peritoneal diagnóstico.

LPG: Linfadenopatía persistente generalizada.

LPL: Leucemia prolinfocítica / Lipoproteinlipasa.

LPM: Latidos por minuto.

LPNI: Lesiones permanentes no invalidantes.

LPT: Linfomas pleomórficos T.

LPV: Lymphotropic papovavirus (papovavirus linfotrópico).

LPX: Lipoproteína X.

LS: Líquido sinovial / Lumbosacro.

LsCsAs: Latidos cardiacos arrítmicos.

LsCsRs: Latidos cardiacos rítmicos.

LsCsRs y SS: Latidos cardiacos rítmicos y sin soplos.

LSCV: Linfoma esplénico de células vellosas.

LSD: Lóbulo superior derecho. Parte del pulmón derecho que depende del bronquio superior derecho / Lysergic acid diethylamide (dietilamida del ácido lisérgico).

LSI: Lóbulo superior izquierdo. Parte del pulmón izquierdo que depende del bronquio superior izquierdo.

LT: Lepra tuberculoide / Leucotrieno / Ligamento transverso / Linfocitos T/ Lóbulo temporal.

LTBF: Legrado total con biopsia fraccionada.

LTGV: Levotransposición de los grandes vasos (izquierda).

LTM: Long-term memory (Memoria a largo plazo).

LTP: Long-term potentiation (Potenciación a largo plazo).

Lumpectomía: Extirpación de sólo la porción palpable de un tumor de mama. Es traducción del inglés lumpectomy.

Luxación inveterada: Es una luxación que lleva tiempo sin reducirse. Inveterada no es sinónomo de recidivante pues se puede tener una luxación inveterada y ser la primera vez que se ha producido la luxación. Si la luxación inveterada se produjo por un traumatismo se debe clasificar en el capítulo de 17 de la CIE-9-MC de Lesiones y envenenamientos.

Luxación recurrente o recidivante: Es una luxación que se ha producido más de una vez. Se clasifica, en la CIE- 9-MC, en el capítulo de Enfermedades del Sistema osteo-mioarticular y tejido conectivo y no en el de Lesiones como las luxaciones traumáticas.

LVO: Leucoplasia vellosa oral.

LZM: Linfoma de la zona marginal.

M: Médico / Menopausia / Miembro /Miopía / Monocito.

m: Mes / Metro (símbolo de la unidad de longitud en el Sistema Internacional de Unidades).

m2: Metro cuadrado (símbolo de la unidad de superficie en el Sistema Internacional de Unidades).

M + Am: Miopía más astigmatismo.

MAA: Macroaggregated albumin (Albúmina macroagregada).

MAC: Mycobacterium Avium Complex.

Madden: Mastectomía radical modificada.

MADRS: Montgomery-Asberg Depression Rating Scale (Escala de depresión de Montgomery-Asberg).

MAG: Mal aspecto general.

MAI: Mycobacterium Avium-intracellulare.

Malformación: Anomalía o defecto morfológico de un órgano por un proceso anormal del desarrollo.

MALT: Mucosa-associated lymphoid tissue (Tejido linfoide asociado a las mucosas). Son linfomas extraganglionares asentados en mucosas. Se codifican según el tipo histológico con el quinto dígito 0.

Mamo.: Mamografía.

MAO: Monoaminoxidasa.

MAP: Médico de atención primaria.

MARSA: Meticillin-resistant Staphylococcus Aureus (Stafilococus Aureus resistente a la meticilina).

MASER: Microwave amplification by stimulated emission of radiation (Amplificación de microondas por emisión estimulada de radiación).

MAST: Michigan Alcoholism Screening Test (Prueba de detección del alcoholism de Michigan).

Mast-, Masto-: Prefijos que indican relación con la mama o la apófisis mastoides.

MAU: Médico adjunto de urgencias.

MAV: Malformación arteriovenosa.

MB: Meduloblastoma / Membrana basal / Meningitis bacteriana / Mioglobina.

M-BACOD: Metotrexato, bleomicina, adriamicina, ciclofosfamida, Oncovin® y dexametasona, quimioterapia.

MBE: Medicina basada en la evidencia.

MBP: Major basic protein (Proteína básica principal).

MC: Masa corporal / Media cuadrática / Médico de cabecera / Motivo de consulta.

MCD: Miocardiopatía dilatada.

MCF: Metacarpofalángica, articulación.

MCG: Mecanocardiografía.

mcgotas: Microgotas.

MCH: Miocardiopatía hipertrófica.

MCL: Microcirugía laríngea.

MCMI-II: McMillon Clinical Multiaxial Inventory-II. (Test de personalidad de McMillon-II).

MCP: Marcapasos È Miocardiopatía.

McVay: Técnica de herniorrafia sin malla.

MD: Mama derecha.

MDH: Malato deshidrogenasa.

MDI: Medicina interna / Miocardiopatía dilatada idiopática.

MDMA: 3,4-metilendioximetanfetamina (Éxtasis).

MDR: Multi-drug resistant (Resistente a múltiples fármacos).

ME: Menisco externo / Microscopía electrónica.

MEC: Miniexamen cognoscitivo.

Med.: Medicina.

MEF: Maximal expiratory flow (Flujo espiratorio máximo).

MEF50: Mean maximal expiratory flow (Flujo espiratorio máximo medio).

MEG: Magnetoencefalograma / Mal estado general.

Melanoma: Es una neoplasia maligna muy agresiva, derivada de las células capaces de formar melanina, que se desarrolla en la piel y más raramente en las mucosas.

MELAS: Mitochondrial, encephalophatymiopathy, lactic acidosis and stroke-like episodes (Miopatía mitocondrial, encefalopatía, acidosis láctica y episodios similares al ictus).

Meli(to)-: Prefijo que indica relación con dulce, miel o azúcar.

MEN: Multiple endocrine neoplasia (Neoplasia endocrina múltiple).

Men.: Menopausia.

mEq: Miliequivalente (10-3 mol dividido por la valencia).

MER: Membrana epirretiniana.

MERD: Menisco externo de rodilla derecha.

MERI: Menisco externo de rodilla izquierda.

MESTO: Médico especialista sin título oficial.

MET: Mapa electroencefalotopográfico / Metabolic equivalent task (Tarea equivalente metabólica) / Unidad de esfuerzo físico que representa el consumo de oxígeno basal y que valora el gasto calórico.

Met: Metástasis / Metionina.

Metast.: Metástasis.

-metría: Sufijo que significa medición.

Metror.: Metrorragia.

METs: Unidades de esfuerzo físico. Se debe escribir sin S.

Metro-: Prefijo que indica relación con el útero.

-metro: Sufijo que significa instrumento usado para medir.

MF: Mastopatía fibroquística / Médico de familia / Metacarpofalángica, articulación / Micosis fungoide / Mielofibrosis / Monitorización fetal / Movimientos fetales.

MFQ: Mastopatía fibroquística.

MG: Médico de guardia / Médico general / Miastenia grave.

Mg: Símbolo químico de magnesio.

mg: Miligramo. Se escribe sin s aunque sea en plural.

MH: Membrana hialina.

MHA: Microhemaglutinación.

MHA-TP: Microhemagglutination assay for antibodies to Treponema Pallidum (Prueba de microhemaglutinación de anticuerpos contra Treponema Pallidum). Mc gotas

MHC: Major histocompatibility complex (Complejo principal de histocompatibilidad).

MHPG: 3-metoxi-4-hidroxifenil glicol.

MI: Mama izquierda / Medicina interna/ Menisco interno / Mielofibrosis idiopática / Miembro inferior / Mononucleosis infecciosa / Motivo de ingreso.

MIBI: Metoxisobutil isonitrilo.

MIC: Microbiología y parasitología (Servicio de).

Mic(et)-: Prefijo relacionado con hongo.

Micobacterias no MT: Micobacterias no Micobacterum Tuberculosis.

MID: Mamaria interna derecha (arteria) / Miembro inferior derecho.

Mielo-: Prefijo que indica relación con la médula ósea, la médula espinal o la mielina.

Mieloma: Neoplasia de células de la médula ósea.

Mieloma múltiple: Neoplasia maligna primaria de células de la médula ósea.

MIF: Macrophage inhibitory factor (Factor inhibidor de los macrófagos) // Melanocyte (stimulating hormone) inhibiting factor (Factor inhibidor de la hormona estimulante de melanocitos).

MII: Mamaria interna izquierda (arteria) / Miembro inferior izquierdo.

Mill.: Millones.

MIME: Metil-GAG, ifosfamida, metotrexato y etopósido, quimioterapia.

min: Mínimo È Minuto.

MINE: Mesna, ifosfamida, Novantrone ® y etopósido, quimioterapia.

Mio: Músculo.

MIP: Maximun inspiratory pressure (Presón inspiratoria máxima).

MIR: Medicina interna (Servicio de) / Médico interno residente.

MIRD: Menisco interno de rodilla derecha.

MIRI: Menisco interno de rodilla izquierda.

Miringo-: Prefijo que indica relación con el tímpano.

MIT: Monoiodotyrosine (Monoyodotirosina).

MIV: Medicina intensiva (Servicio de).

mL: Mililitro.

ml: Mililitro.

MLC: Minimal lethal concentration (Concentración letal mínima).

MLF: Melfalán.

MLR: Mixed lymphocyte reaction (Reacción mixta linfocitaria).

MM: Melanoma maligno / Meningitis meningocócica / Mieloma múltiple / Miembros.

mM: Milimoles.

mm: milímetro.

MMEF: Flujo medio espiratorio máximo.
mmHg: Milímetros de mercurio.

MMII: Miembros inferiores.

MMM: Mielofibrosis con metaplasia mieloide.

mmol: Milimol. Es la forma correcta y no mM.

MMPI: Minnesota Multiphasic Personality Inventory. (Test de personalidad de Minesota).

MMSE: Mini-Mental State Examination (Miniexamen cognoscitivo).

MMSS: Miembros superiores.

Mn: Símbolo químico del manganeso.

MNI: Mononucleosis infecciosa.

Mnp.: Menopausia.

MNU: Medicina nuclear (Servicio de).

MNVSR: Membrana neovascular subrretiniana.

MO: Médula ósea / Microscopía óptica.

MOC: Motor ocular común, nervio (Par craneal III) È Movimientos oculares.

MOE: Motor ocular externo, nervio.

MOI: Motor ocular interno, nervio.

mol: En el Sistema Internacional de Unidades, símbolo de la unidad de la cantidad de sustancia. Representa el peso molecular de una sustancia expresado en gramos.

Mov.: Movimiento.

MP: Marcapasos / Menopausia / Metilprednisona.

MPA: Músculo papilar anterior.

MPR: Medicina preventiva (Servicio de).

MPS: Mucopolisacaridosis.

MQ: Medicoquirúrgicos.

MRF: MSH releasing factor (Factor liberador de la hormona melanocitoestimulante).

MRM: Mastectomía radical modificada.

mRNA: Messenger ribonucleic acid (Ácido ribonucleico mensajero).

MRS: Magnetic resonance spectroscopic (Resonancia magnética espectroscópica).

MRT: Mortalidad relacionada con el tratamiento.

MS: Miembro superior È Muerte súbita.

ms: Milisegundo.

MSD: Miembro superior derecho.

MSF: Médecins sans frontières (Médicos sin fronteras) / Melanocyte stimulating factor (Factor estimulante de los melanocitos).

msg: Milisegundos.

MSH: Melanocyte stimulating hormone (Hormona melanocitoestimulante).

MSI: Miembro superior izquierdo.

MSLT: Multiple Sleep Latency Test. (Test de latencia múltiple del sueño).

MST: Analgésico con morfina.

MT: Malos tratos / Marcadores tumorales / Melatonina / Metástasis.

Mt.: Metástasis.

MTC: Metacarpo / Mitomicina C.

MTF: Metatarsofalángica, articulación.

MTHF: Metilentetrahidrofolato.

Mtl: Mortalidad.

MTO: Masa de tejido óseo.

MTS: Metástasis.

MTTF: Metatarsofalángica, articulación.

MTU: Metiltiouracilo.

MTX: Metástasis È Metotrexato.

MTZ: Metronidazol.

MU: Millones de unidades.

Muc.: Mucosa.

Murmullo vesicular: Ruido respiratorio normal correspondiente a la ventilación de los alvéolos pulmonares que se oye al auscultar el tórax.

MV: Miocardio viable / Murmullo vesicular.

M-VAC: Metotrexato, vinblastina, adriamicina y cisplatino, quimioterapia.

MVC: Murmullo vesicular conservado.

MVN: Murmullo vesicular normal.

MVV: Maximun voluntary ventilation (Ventilación voluntaria máxima).

MW: Macroglobulinemia de Waldenström.

Mx: Mamografía / Máximo.

N: Neutrófilo / Normal / Nutrición / Símbolo químico del nitrógeno.

n: Nano (símbolo del submúltiplo 10-9) / Neutrón / Número de observaciones o tamaño de la muestra.

Nº: Número.

NA: Noradrenalina.

Na: Símbolo químico del sodio.

NAC: Neumonía adquirida en la comunidad.

NAD: Nicotinamida adenina dinucleótido.

NAD+: Nicotinamida adenina dinucleótido oxidado.

NADH: Nicotinamida adenina dinucleótido, forma reducida.

NADP: Nicotinamide adenine dinucleotide phosphate (Nicotinamida adenina dinucleótido fosfato).

NADP+: Nicotinamide adenine dinucleotide phosphate oxided (Nicotinamida adenina dinucleótido fosfato oxidado).

NADPH: Nicotinamide adenine dinucleotide phosphate reduced (Nicotinamida adenina dinucleótido, forma reducida).

NAE: Nefroangioesclerosis.

NAM: No antecedentes médicos.

NAT: N-acetiltransferasa.

Natremia: Nivel de sodio en sangre.

NAV: Nódulo auriculoventricular.

NB: Neuroblastoma.

NBT: Nitroblue tetrazolium (Nitroazul de tetrazolio).

NC: Nefrocalcinosis / Neumoconiosis / Neumonía comunitaria.

NCOC: No clasificable bajo otro concepto (siglas de la CIE-9-MC).

Ncto.: Nacimiento.

nd: No se dispone de datos.

NE: Nutrición enteral / Norepinefrina (Noradrenalina).

Necro-: Prefijo que indica relación con la muerte o con un cuerpo o tejido muerto.

NEF: Nefrología (Servicio de).

NEFA: Nonesterified fatty acid (Ácidos grasos no esterificados).

Nefr-: Prefijo en relación con riñón.

NEM: Neumología (Servicio de).

NEO: Neonatología (Servicio de).

Neo.: Neoplasia.

Neo de comportamiento incierto: Neoplasia cuyo comportamiento (benigno o maligno) no se puede precisar en el momento del diagnóstico y no hay una distinción clara si son células benignas o malignas.

NEOM: No especificado de otra manera (siglas usadas en la CIE-9-MC).

Neoplasia: Formación de tejido nuevo y anormal, que generalmente produce un tumor. Puede ser benigna o maligna (se usa más en casos de tumores malignos). Se utilizan como sinónimos. tumor, neoplasma.

Neoplasia benigna: Es una neoplasia en la que las células tienen características normales y no son invasivas. Pueden causar síntomas pero, en general, se curan con la extirpación.

Neoplasia de amígdala: Amígdala no existe como modificador esencial del término neoplasia en la 4ª edición de la CIE-9-MC. Buscar en neoplasia el modificador – fauces.

Neoplasia maligna: Es una neoplasia en la que las células tienen características anormales y son invasivas, se extienden a órganos próximos o a distancia. Su crecimiento es incesante y su curación difícil.

Neumo-: Prefijo que indica relación con el aire, la respiración, los pulmones o la neumonía.

Neumo.: Neumología.

Neumonía: Inflamación pulmonar. Pulmonía.

Neumonía lobar: Neumonía de un lóbulo pulmonar. Se trata de una neumonía específica causada por el neumococo.

Neumonía LSD, LMD, LID, LSI,LII: Neumonía del lóbulo superior derecho, medio derecho, inferior derecho, superior izquierdo o inferior izquierdo. Para la CIE-9-MC no es sinónimo de neumonía lobar y se codifica como neumonía.

Neuro.: Neurología.

NF: Neurofibromatosis.

NF-1: Neurofibromatosis tipo 1, periférica o enfermedad de von Recklinghausen.

NF-2: Neurofibromatosis tipo 2 o central.

NF-3: Neurofibromatosis tipo 3 o intestinal.

NFL: Neurofisiología clínica (Servicio de).

NFV: Nelfinavir.

NG: Nasogástrico.

NGF: Nerve growth factor (Factor de crecimiento nervioso).

NH: Neumonía hospitalaria / Nódulos hepáticos / Normohidratado.

NH3: Amoniaco.

NH4+: Amonio.

NHP: Ningún hallazgo patológico.

Ni: Símbolo químico del níquel.

NID: No insulindependiente.

NIH: Neumonía intrahospitalaria.

NINE: Neumonía intersticial no especificada.

NIPPV: Non-invasive positive pressure ventilation (Ventilación no invasiva con presión positiva).

NIU: Neumonitis intersticial usual.

NIV: Neoplasia intraepitelial vulvar.

NK: Natural killer (Célula natural agresora).

NL: Nefrolitiasis / Nefropatía lúpica / Neurológico.

NLG: Neurología.

NLP: Nefrolitotomía percutánea.

NMI: Neumología infantil (Servicio de).

NML: Neumología (Servicio de).

NMN: Nicotinamida mononucleótido.

NN: Neumonía nosocomial.

NNP: Neonato patológico / Nitrógeno no proteico.

NO: Neuritis óptica.

NOA: Necrosis ósea avascular.

NOD: Neoplasia de origen desconocido.

NOI: Neuritis óptica isquémica.

NOIA: Neuritis óptica isquémica anterior.

NP: Nefrostomía percutánea / Nutrición parenteral.

NPC: Nefrostomía percutánea / Neumonía por Pneumocystis carinii./ Nutrición parenteral (por vía) central.

NPH: Neuralgia postherpética / Neutral Protamine Hagedorn insulin (Insulina protamina neutra de Hagedorn) / Nutrición parenteral hipocalórica.

NPM: Neoplasias primarias múltiples / Nódulos pulmonares múltiples.

NPN: Nonproteic nitrogen (Nitrógeno no proteico).

NPP: No progresión del parto / Nutrición parenteral (por vena) periférica.

NPS: Nódulo pulmonar solitario.

NPT: Nutrición parenteral total.

NPY: Neuropéptido Y.

Nr.: Normal.

NRC: Neurocirugía (Servicio de).

NREM: Non-rapid eyes movements (No movimientos oculares rápidos).

NRL: Neurología (Servicio de).

NSILA: Non-suppressible insulin-like activity (Actividad insulinoide no suprimible).

NSP: No se palpan.

NST: No se tocan.

NT: Nasotraqueal / Neumotórax / Normotenso.

NTG: Nitroglicerina.

NTG-SL: Nitroglicerina sublingual.

NTP: Nefrostomía percutánea / Nitroprusiato.

NTX: Neumotórax.

NVI: Neoplasia vulvar intraepitelial.

NVT: Nacido vivo a término.

Nx: Nefrectomía.

NYHA: New York Heart Association (Asociación del Corazón de Nueva York).

O: Oído /Ojo / Oncovin® (Vincristina) / Orina È Símbolo químico del oxígeno.

Æ: Diámetro / Negativo / Normal.

O2: Ambos ojos È Oxígeno.

O2: Oxígeno.

OAD: Oblicua anterior derecha.

OAI: Oblicua anterior izquierda.

OB: Obesidad È Osteoblastos.

OBG: Obstetricia y Ginecología (Servicio de).

OBS: Obstetricia (Servicio de).

OBU: Observación de urgencias (área de).

OC: Onda corta / Oral contraception (Contracepción por vía oral) / Orina completa / Osteoclastos.

OCD: Oxigenoterapia crónica domiciliaria.

O2CD: Oxigenoterapia crónica domiciliaria.

O2CD: Oxigenoterapia crónica domiciliaria.

OCE: Orificio cervical externo (del cuello uterino).

OCFA: Obstrucción crónica al flujo aéreo.

OCI: Orificio cervical interno (del cuello uterino).

OCT: Oficina de coordinación de trasplantes.

OD: Oído derecho / Ojo derecho / Ovario derecho.

ODG: Oftamodinamografía.

ODM: Oftalmodinamometría.

Odont-: Prefijo en relación con diente.

OE: Oído externo È Otitis externa.

OEC: Otras exploraciones complementarias.

OEMG: Oculoelectromiografía.

OFT: Oftalmología (Servicio de).

Oft.: Oftálmico.

OGE: Observación de genitales externos.

OH: Símbolo del ion oxidrilo que tienen los alcoholes. A veces, se usa como abreviatura de alcohol.

OHB: Oxígeno hiperbárico.

O2HB: Oxihemoglobina.

OHB12: Hidroxicobalamina.

OI: Oído izquierdo / Ojo izquierdo / Osteogénesis imperfecta / Ovario izquierdo.

OIC: Osteogénesis imperfecta congénita / Osteoporosis inducida por corticoides.

OIDA: Occipitoiliaca derecha anterior, posición fetal.

-oideae: Sufijo usado en bacteriología para la jerarquía Subfamilia.

OIDP: Occipitoiliaca derecha posterior, posición fetal.

OIDT: Occipitoiliaca derecha transversa, posición fetal.

OIIA: Occipitoiliaca izquierda anterior, posición fetal.

OIIP: Occipitoiliaca izquierda posterior, posición fetal.

OIIT: Occipitoiliaca izquierda transversa, posición fetal.

Oligo-: Prefijo que significa poco o menos de lo normal.

OM: Obtusa marginal (arteria coronaria) / Oído medio / Otitis media.

Om-: Prefijo que indica relación con el hombro.

OMA: Otitis media aguda.

Omalgia: Dolor de hombro.

OMB: Otitis media bilateral.

OMC: Organización médica colegial / Otitis media crónica.

OME: Omeprazol / Otitis media exudativa.

OMEC: Oxigenación con membrana extracorpórea.

OMS: Organización mundial de la salud / Otitis media serosa / Otitis media supurada.

OMT: Organización mundial de trasplantes/ Otras medidas terapéuticas.

ON: Obstrucción nasal / Osteonecrosis/ Óxido nítrico.

ONACF: Osteonecrosis aséptica de cabeza femoral.

ONAV: Osteonecrosis avascular.

ONC: Oncogén / Oncología médica (Servicio de).

ONCF: Osteonecrosis de cabeza femoral.

Onco.: Oncología (Servicio de).

Onda Q: Parte inicial del complejo QRS del electrocardiograma relacionada con la fase inicial de la despolarización ventricular.

ONG: Oído, nariz y garganta / Organización no gubernamental.

Onic-: Prefijo en relación con uña.

ONR: Oncología radioterápica (Servicio de) / Orden de no reanimar.

ONT: Organización nacional de trasplantes.

OO: Ooforectomizada / Osteoma osteoide.

Oo-: Prefijo que indica relación con huevo u óvulo.

Ooforectomía: Extirpación del ovario.

Ooforectomía + Salpingectomía: Extirpación del ovario y de la Trompa de Falopio. Dícese también anexectomía. Suele ser bilateral (doble anexectomía) o unilateral.

OP: Occipitopubiana, posición fetal / Osteoporosis / Ostium primun. Es un tipo de comunicación interauricular (cardiopatía congénita).

Op: Operación / Operada / Operado.

OPD: Oblicua posterior derecha.

OPI: Oblicua posterior izquierda.

O2pp: Oxígeno a presión positiva.

-opsia: Sufijo que significa trastorno o defecto de la visión.

OPU: Obstrucción pieloureteral.

OR: Odds ratio (Razón de azar) / Operatingroom (Quirófano).

ORL: Otorrinolaringología (Servicio de).

Oro-: Prefijo que indica relación con la boca.

Orqui-: Prefijo en relación con testículo.

Orro-: Prefijo que indica relación con suero.

Orto-: Prefijo que significa recto, normal, correcto.

Ortp.: Ortóptica.

OS: Occipitosacra, posición fetal / Ostium secundum. Es un tipo de comunicación interauricular (cardiopatía congénita).

-osis: Sufijo que indica relación con enfermedad.

osmo-: Prefijo que indica relación con olores u ósmosis.

-oso: Sufijo que significa posesión, estar lleno de.

Osteo-: Prefijo que indica relación con hueso.

O-SVS: Osakidetza / Servicio Vasco de Salud.

O/SVS: Osakidetza / Servicio Vasco de Salud.

Ot.: Otitis.

OTC: Over the counter (Medicamentos de venta sin receta).

OTD: Occipitotransversa derecha, posición fetal / Organo-tolerance dose (Dosis orgánica tolerable) / Oxigenoterapia domiciliaria.

Oto-: Prefijo que indica relación con el oído.

OTSVD: Obstrucción del tracto de salida del ventrículo derecho.

OTSVI: Obstrucción del tracto de salida del ventrículo izquierdo.

OU: Observación de urgencias (Unidad de).

OUPU: Obstrucción de la unión ieloureteral.

OV: Oculovestibular / Órdenes verbales / Osteomielitis vertebral / Ovario.

Ov.: Ovario.

OVA: Obstrucción de la vía aérea.

OVCR: Obstrucción de la vena central de la retina.

Ovi-: Prefijo que indica relación con huevo u óvulo.

OVLB: Obstrucción de la vía lagrima baja.

Ovo-: Prefijo que indica relación con huevo u óvulo.

OVODON: (Embarazo con) ovocitos donados.

OVRS: Obstrucción de las vías respiratorias superiores.

P: Cisplatino / Onda del electrocardiograma de la despolarización de la aurícula / Percentil / Post / Prevalencia /Proteína / Pulso / Símbolo químico del fósforo.

p: Brazo corto del cromosoma / Plasma/ Protón.

p. m.: Post meridiem (por la tarde).

PA: Pancreatitis aguda / Poliartritis / Posteroanterior / Presión alveolar / Presión arterial / Presión parcial alveolar / Pseudomona Aeruginosa.

Pa: En el Sistema Internacional de Unidades, /Símbolo del pascal (unidad de presión) / Presión parcial en sangre arterial / Símbolo químico del protactinio.

PAA: Punción aspirativa con aguja.

PAAF: Punción aspirativa con aguja fina. Es un procedimiento para obtener una muestra de tejido para biopsia.

PAAG: Punción aspiración con aguja gruesa.

PAB: Pancreatitis aguda biliar È Punción aspirativa biópsica.

PABA: Para-aminobenzoic acid (Ácido para-aminobenzóico).

PAC: Puente aortocoronario / Puesto de atención continuada / Cisplatino, adriamicina y ciclofosfamida, quimioterapia.

Pac.: Paciente.

PACS: Picture archiving and computer storage (Archivo de imágenes y almacenamiento en ordenadores).

PAEG: Peso adecuado para la edad gestacional.

PAEG (o PAG): Peso adecuado para la edad gestacional. Peso entre percentil 10 y percentil 90 para su edad gestacional.

PBEG (o PBG): Peso bajo para la edad gestacional. Peso por debajo del percentil 10 para su edad gestacional.

PEEG (o PEG): Peso elevado para la edad gestacional. Peso por encima del percentil 90 para su edad gestacional. De la combinación de ambos criterios se obtienen las siguientes 9 descripciones que para mayor claridad se deben escribir con un espacio en medio:

PAF: Platelet-activating factor (Factor activador de las plaquetas) / Punción con aguja fina.

PAG: Peso adecuado (para la edad) gestacional.

PAH: Paraminohipurato.

PAI: Plasminogen activator inhibitor (Inhibidor del activador del fibrinógeno) / Presión de la aurícula izquierda.

PAMO: Punción aspirativa de médula ósea.

PAN: Panarteritis nudosa / Periarteritis nudosa / Poliarteritis nudosa.

Pan-: Prefijo que significa todo.

PANSS: Positive And Negative Syndrome Scale. Escala para el síndrome positivo y negativo de la esquizofrenia. De los 30 items incluidos en esta escala, 7 constituyen la escala positiva (PANSSP), 7 la escala negativa (PANSS-N) y los 16 restantes la escala psicopatológica general (PANSS-PG).

PAO: Peak acid output (Pico de máxima secreción ácida).

PAo: Presión aórtica.

PAP: Papaverina / Periodo activo de parto / Presión de arteria pulmonar.

Pap.: Papanicolau, tinción.

Papilitis: Inflamación de la papila. Se puede referir a la papila de la ampolla de Vater o a otras.

PAPPS: Programa de actividades preventivas y de promoción de la salud.

PAPs: Presión arterial pulmonar sistólica.

Paqui-: Prefijo que significa grueso.

Para-: Prefijo que significa al lado, cerca, parecido, accesorio, más allá de, aparte de o anormal.

Paraneop.: Paraneoplásico.

Parto: Es la expulsión del feto y anejos de un embarazo de más de 22 semanas o más de 500 g de peso. Es un motivo de ingreso pero también se define como parto el procedimiento para realizarlo o asistirlo.

Parto eutócico: Parto que acaba con la expulsión espontánea del feto y anejos por la vagina entre 37 y 42 semanas de gestación sin otras alteraciones posteriores.

Parto inmaduro: Parto que ocurre entre las 22 y 28 semanas de gestación.

Parto prematuro: Es el que se produce en un embarazo de menos de 37 semanas.

Parto tedioso: Expresión utilizada para indicar que el trabajo del parto se alarga. Equivale al descriptor de la CIE-9-MC «parto prolongado, primera fase».

PAS: Para-amino-salycilic acid (ácido paraaminosalicílico) / Periodic acid-Schiff (Ácido peryódico de Schiff, tinción) / Presión arterial sistémica / Presión arterial sistólica.

PAT: Punción aspiratoria transtorácica.

Pat-: Prefijo en relación con enfermedad.

Patela: Rótula.

Pb: Símbolo químico del plomo.

PBA: Pancreatitis biliar aguda / Punción biopsia aspirativa.

PBD: Partes blandas desfavorables. Se refiere a cuando antes de iniciarse el periodo activo del parto se observa que el útero no se contrae / Prueba broncodilatadora.

PBE: Peritonitis bacteriana espontánea / Punción biopsia esplénica.

PBEG: Peso bajo para la edad gestacional.

PBG: Peso bajo (para la edad) gestacional / Porfobilinógeno / Punción biopsia ganglionar.

PBH: Punción biopsia hepática.

PBI: Protein-bound iodine (Yodo ligado a proteínas).

PBP: Penicillin binding protein (Proteína ligada a la penicilina).

PBR: Punción biopsia renal.

PBS: Phosphate-buffered saline (Suspensión salina tamponada con fosfato al 20%).

PC: Pancreatitis crónica / Parálisis cerebral / Pares craneales / Pérdida de conocimiento / Perímetro cefálico / Perímetro craneal / Postcirugía / Postconización / Proteína C.

PC I: Par craneal I o nervio olfatorio.

PC II: Par craneal II o nervio óptico.

PC III: Par craneal III o nervio motor ocular común.

PC IV: Par craneal IV o nervio patético.

PC V: Par craneal V o nervio trigémino.

PC VI: Par craneal VI o nervio motor ocular externo.

PC VII: Par craneal VII o nervio facial.

PC VIII: Par craneal VIII o nervio cocleovestibular.

PC IX: Par craneal IX o nervio glosofaríngeo.

PC X: Par craneal X o nervio neumogástrico o vago.

PC XI: Par craneal XI o nervio espinal o accesorio.

PC XII: Par craneal XII o nervio hipogloso.

PCA: Pancreatitis crónica alcohólica / Patient-controlled analgesia (Analgesia controlada por el paciente) / Persistencia del conducto arterioso. Es lo mismo que Ductus o Ductus Persistente. Se trata de una arteria normal en el feto que debe cerrarse tras el parto pero, si no lo hace, constituye una anomalía congénita / Proteína C activada.

PCAA: Antígeno asociado al carcinoma de páncreas.

PCD: Pirofosfato cálcico dihidratado.

PCG: Puntuación de coma de Glasgow.

PCI: Parálisis cerebral infantil / Percutaneous coronary intervention (Intervención coronaria percutánea) / Peso corporal ideal.

PCO2: Presión parcial de CO2.

PCP: Peace Pill o Phencyclidine (Píldora de la paz, «polvo de ángel» o fenciclidina)/ Presión capilar pulmonar.

PCR: Parada cardiorrespiratoria / Polimerase chain reaction (Reacción en cadenade la polimerasa) / Proteína C reactiva.

PCT: Peso corporal total / Plasmocitoma / Porfiria cutánea tardía.

PCTF: Porfiria cutánea tardía familiar.

PCU: Prolapso de cordón umbilical.

PCV: Parálisis de cuerdas vocales / Policitemia vera.

PDA: Patent ductus arteriosus (Conducto arterioso persistente).

PDAP: Presión diastólica de arteria pulmonar.

PDE: Phosphodiesterases (Fosfodiesterasas).

PDF: Productos de degradación del fibrinógeno.

PDGF: Platelet-deived growth factor (Factor de crecimiento derivado de las plaquetas).

PDN: Prednisona.

PDPCM: Programa de detección precoz de cáncer de mama.

PDS: Paciente en decúbito supino.

PDW: Platelet cell distribution width (Banda de distribución de plaquetas).

PDx: Pruebas diagnósticas.

PE: Parto espontáneo / Potenciales evocados / Presión espiratoria / Prueba de esfuerzo (ergometría).

Pe.: Perinatal.

PEA: Potencial evocado auditivo.

PEAT: Potenciales evocados auditivos del tronco encefálico.

PEATC: Potenciales evocados auditivos del tronco cerebral.

PEATE: Potenciales evocados auditivos del tronco encefálico.

PECP: Presión de enclavamiento capilar pulmonar.

PED: Pediatría (Servicio de).

Ped-: Prefijo en que significa niño.

PEDN: Pediatría neonatal.

PEEG: Peso elevado para la edad gestacional.

PEEP: Positive end-expirative pressure (Presión positiva al final de la espiración).

PEF: Peak expiratory flow (Pico máximo de flujo espiratorio).

PEFV: Partial expiratory flowing volumen (Volumen de flujo espiratorio parcial).

PEG: Pequeño para la edad gestacional / Peso elevado (para la edad) gestacional / Polietilenglicol.

PEH: Periartritis escapulohumeral.

Pen: Penicilina / Pirógeno endógeno.

-penia: Sufijo que indica reducción anormal en la cuantía de un elemento.

Penning: Es un fijador externo que se suele usar a nivel de mano y muñeca.

PEPS: Potencial excitador postsináptico.

Perf.: Perfusión.

Pericarditis epistenocárdica: Inflamación del pericardio tras un IAM. Es lo mismo que Síndrome de Dresslero postinfarto.

PERL(s): Pupils equally round and reactive to light (Pupilas isocóricas y reactivas a la luz).

PERLA(s): Pupils equally round and reactive to light and accomodation (Pupilas isocóricas y reactivas a la luz y a la acomodación).

PERRL(s): Pupils equally round and reactiveto light (Pupilas isocóricas y reactivas a la Luz).

PERRLA(s): Pupils equally round and reactive to light and accomodation (Pupilas isocóricas y reactivas a la Luz y a la acomodación).

PES: Potenciales evocados somatosensitivos.

PESS: Potenciales evocados somatosensitivos.

PET: Positron emission tomography (Tomografía por emisión de positrones).

PET-FDG: Tomografía por emisión de positrones con fluorodeoxyglocosis

PETHEMA: Programa para el estudio de la terapéutica de las hemopatías malignas. Es un protocolo multicéntrico de quimioterapia usado en Hematología.

PEV: Pielografía endovenosa / Potencial evocado visual.

Pexia: Fijación generalmente mediante sutura.

PF: Punto de fusión.

PFC: Plasma fresco congelado / Poliposis familiar de colon.

PFCL: Perfluorocarbono líquido.

PFGE: Pulsed-field gel electrophoresis (Elecroforesis en gel de campos pulsantes).

PFH: Prueba de función hepática.

PFK: Phosphofructokinasa (Fosfofructocinasa).

PFP: Parálisis facial periférica.

PFR: Prueba de la función renal / Pruebas funcionales respiratorias.

pg: Picogramo.

PG: Prostaglandina.

Pg.: Progesterona.

PGA: Prostaglandina A.

PGB: Penicilina G benzatina / Prostaglandina

PGC: Prostaglandina C.

PGD: Prostaglandina D.

PGE: Prostaglandina E.

PGF: Prostaglandina F.

PGH: Prostaglandina H.

PGI: Prostaglandina I.

PGP: Parálisis general progresiva.

PH: Paciente hipertenso / Progenitores hematopoyéticos.

pH: Logaritmo negativo del ion hidrógeno activo (Símbolo utilizado para expresar la acidez o alcalinidad de una solución).

PHA: Passive hemagglutination assay (Técnica de hemaglutinación pasiva).

PHI: Phosphohexose isomerase (Fosfoexosa isomerasa).

Phyllodes: Es un fibroadenoma gigante de mama. Es sinónimo de Filodo o Fibroadenoma filoides.

PI: Párpado inferior / Parto inmaduro / Periodo de incubación / Presión inspiratoria / Presión intracraneana.

PIC: Petición interconsulta / Presión intracraneal.

PICA: Postero inferior cerebellar artery (arteria cerebelosa posteroinferior).

PICC: Peripheric insertion central catheter (Inserción periférica de catéter central).

Piel-: Prefijo en relación con pelvis renal.

Pielo.: Pielografía.

PIF: Peak inspiratory flow (Pico de flujo inspiratorio) / Prolactin-inhibiting factor (Factor inhibidor de la prolactina).

PIN: Penis intraepithelial neoplasia (neoplasia intraepitelial de pene) / Personal identification number (Número de identificación personal).

PIN III: Neoplasia intraepitelial prostática. Es un Carcinoma in situ de próstata.

PIO: Pérdida involuntaria de orina / Presión intraocular.

Pio-: Prefijo que indica relación con el pus.

PIOD: Párpado inferior de ojo derecho.

PIOI: Párpado inferior de ojo izquierdo.

PIPIDA: n-p-isopropilacetaniliodoiminodiacetico.

Pireto-: Prefijo que denota relación con la fiebre.

Piridoxina: Vitamina B6.

Piro-: Prefijo que denota relación con el fuego o el calor.

PIV: Pielografía intravenosa.

PIVKA: Prothrombin induced by vitamin K absence (Protrombina inducida por ausencia de vitamina K).

PJ: Peutz-Jeghers, síndrome.

PK: Piruvate kinase (Piruvatocinasa).

PL: Posterolateral (Arteria coronaria) / Postlegrado / Punción lumbar.

Pl.: Plaquetas / Pleural.

Plaq.: Plaquetas.

-plasia: Sufijo que significa reparación.

Plastia: Reconstrucción quirúrgica.

-plejia: Sufijo que significa parálisis o ictus.

Pleo-, pleio-: Prefijos que significan más, excesivo o múltiple.

PLI: Punto lagrimal inferior.

PLP: Punción lavado peritoneal.

Plug: Tapón, obturador.

PM: Pacemaker (Marcapasos) / Peso molecular / Petit (pequeño) mal / Polimiositis / Post mortem (Después de muerto) / Psicomotor.

pm: Por minuto / Pulsaciones por minuto.

PMD: Psicosis maniacodepresiva.

PMM: Plan de mantenimiento con metadona.

PMN: Polimorfonuclear.

PMO: Progenitores de médula ósea / Punción de médula ósea.

PMR: Polimialgia reumática.

PN: Pancreatitis necrosante / Peso al nacer / Pielonefritis.

PNA: Pielonefritis aguda.

PNC: Penicilina / Pielonefritis crónica.

PND: Polineuropatía diabética.

PNET: Peripheral neuroectodermal tumor (Tumor neuroectodérmico periférico).

PNG: Penicilina G.

PNI: Presión neumática intermitente.

PNP: Polineuropatía / Purine nucleotide phosphorilase (Purina-nucleótido fosforilasa).

PO: Pérdida ósea / Presión osmótica / Postoperatorio.

PO2: Presión parcial de oxígeno.

POEMS: Polyneuropathy, organomegaly, endocrinopathy, M protein and skin changes (Polineuropatía, organomegalia, endocrinopatía, niveles elevados deproteína M y alteraciones cutáneas, síndrome).

Polaqui: Frecuente.

Poli-: Prefijo en relación con mucho.

Pomeroy: Técnica de esterilización femenina.

por min.: Por minuto.

Post-: Prefijo que significa posterior, después de.

POTG: Prueba oral de tolerancia a la glucosa.

Poye-: Prefijo en relación con producción.

PP: Pie plano / Placenta previa / Polineuropatía progresiva / Proteínas plasmáticas / Protoporfirina / Pulso palpable / Pulso paradójico / Pulso pedio / Punción pleural / Pyrophosphate (Pirofosfato).

pp: Papilla / Presión positiva.

PPC: Presión de perfusión cerebral.

PPCA: Presión positiva continua en la vía aérea.

PPCVA: Presión positiva continua en la vía aérea.

PPD: Purified protein derivative (derivado proteico purificado). Es una intradermorreacción de tuberculina.

PPE: Presión positiva espiratoria.

PPF: Pellagra preventive factor (Factor preventivo de la pelagra).

PPH: Procedure for prolapsed hemorrhoids (Procedimiento para hemorroides prolapsadas).

PPL: Puñopercusión lumbar / Punción pleural.

ppm: Partes por millón / Pulsaciones por minuto.

PPN: Puñopercusión negativa.

PPP: Pulso pedio palpable (o presente) / Pulsos periféricos palpables / Puñopercusión positiva.

PPR: Presión de perfusión renal / Puñopercusión renal.

PPRB: Puñopercusión renal bilateral.

PPRD: Puñopercusión renal derecha.

PPRI: Puñopercusión renal izquierda.

PPT: Pielostomía percutánea transitoria.

PPV: Presión de pérdida vesical / Porcentaje de población vacunada / Positive pressure ventilation (Ventilación con presión positiva).

PQ: Parte del trazado del ECG que representa la conducción auriculoventricular/ Plaquetas / Poliquimioterapia / Poliquistosis.

PQM: Poliquimioterapia.

PQR: Poliquistosis renal.

PQRAD: Poliquistosis renal autosómica dominante.

PQT: Poliquimioterapia.

PR: Parte del trazado del ECG entre la onda P y el inicio del QRS del electrocardiograma y que representa la conducción auriculoventricular / Poliquistosis renal.

Pr.: Prolactina.

PRE: Pancreatografía retrógrada endoscópica.

Pre-: Prefijo que significa antes, antes de.

Presbi-: Prefijo que significa viejo o relacionado con la vejez.

Presentación: En obstetricia, es la parte del feto que se toca con el dedo examinador a través del cuello uterino durante el trabajo de parto.

PRF: Prolactin releasing factor (Factor liberador de prolactina).

PRL: Plasma rico en leucocitos È Prolactina.

PRN: Peso del recién nacido.

PRO: Procarbacina È Propanolol.

Pro.: Prolina / Proteína.

Proacelerina: Factor V de la coagulación.

PROC: Proteína C.

ProC: Proteína C.

Procedimiento: Es la intervención quirúrgica o prueba que se realiza a un paciente con fines diagnósticos o terap éuticos.

Proconvertina: Factor VII de la coagulacion.

Proct-: Prefijo en relación con recto y ano.

Proteína C reactiva: Es una gamma globulina que se encuentra en el suero de personas con algún tipo de enfermedades inflamatorias, degenerativas y neoplásicas. Su determinación analítica se suele expresar también con e mismo nombre.

Protrombina: Factor II de la coagulación.

PRPP: Phospho-ribosyl-pyrophosphate (Fosforribosil pirofosfato).

PRT: Periodo refractario total / Prótesis de rodilla total.

PS: Párpado superior / Proteína S.

PSA: Prostate-specific antigen (Antígeno prostático específico).

PSCU: Progenitores de sangre de cordón umbilical.

PSE: Present State Examination. (Examen del estado actual).

Pseudofaquia: Estado de portador de prótesis de cristalino.

PSG: Polisomnografía.

PSH: Púrpura de Schönlein-Henoch.

PSI: Patients severity index (Índice de gravedad de pacientes). Es un sistema de clasificación de pacientes.

Psic-: Prefijo en relación con mente.

PSOD: Párpado superior de ojo derecho.

PSOI: Párpado superior de ojo izquierdo.

PSP: Progenitores de sangre periférica.

PsPs: Pulsos palpables / Pulsos pedios.

PsPsPs: Pulsos pedios palpables.

PSQ: Psiquiatría (Servicio de).

PSVD: Presión sistólica ventricular derecha.

PSVI: Presión sistólica ventricular izquierda.

PT: Paratiroides / Periodo de transmisibilidad / Pretérmino / Proteínas totales / Protrombina / Púrpura trombopénica.

Pt: Símbolo químico del platino.

PTA: Percutaneous transluminal angioplasty (Angioplastia transluminal percutánea) / Plasma thromboplastin antecedent (Antecedente tromboplastínico del plasma o Factor XI de la coagulación) / Púrpura trombocitopénica autoinmune.

PTC: Percutaneous transhepatic cholangiography (Colangiografía transhepática percutánea) / Plasma thromboplastin component (Componente tromboplastínico del plasma) / Prótesis total de cadera.

PTCA: Percutaneous transluminal coronary angioplasty (Angioplastia coronaria transluminal percutánea)

PTD: Presión telediastólica.

PTE: Partícula transportadora de electrones.

Pte.: Pendiente.

PTFE: Politetrafluoroetileno. Es un material plástico sintético usado en cirugía reparadora.

PTG: Proteinograma / Prueba de tolerancia a la glucosa.

PTGO: Prueba de tolerancia a la glucosa oral.

PTH: Parathyroid hormone (Hormona paratiroidea o parathormona).

PTI: Peso teórico ideal / Prueba de tolerancia a la insulina / Púrpura trombocitopénica idiopática È Púrpura trombocitopénica inmunológica.

Pto.: Punto.

PTOG: Prueba de tolerancia oral a la glucosa.

PTR: Prostatectomía radical È Prótesis total de rodilla.

PTS: Pacientes / Pediatric trauma score (Puntuación de traumatismo pediátrico.

Pts: Pacientes.

PTT: Punción transtraqueal / Púrpura trombótica trombocitopénica.

PU: Puerta de urgencias.

Puer-: Prefijo en relación con niño.

Puerperio: Es el periodo transcurrido desde el parto hasta pasadas 6 semanas o 40 días (1ª menstruación).

PUFA: Polyunsatured fatty acids (Ácidos grasos polinsaturados.

Pulmonía: Inflamación del pulmón.

Punto J: Punto de intersección entre el final del complejo QRS y el comienzo del segmento ST del electrocardiograma

PUVA: Psoralens plus ultraviolet light of the A wavelength (Psoralogenos más radiación ultravioleta de longitud de onda A).

PV: Policitemia vera / Postvulvectomía / Presión venosa / Punto de vista.

PVC: Polyvinylchloride (Cloruro de polivinilo)/ Presión venosa central.

PVE: Parto vaginal espontáneo / Potenciales visuales evocados.

PVI: Parto vaginal instrumental / Presión de ventrículo izquierdo.

PVM: Prolapso de la válvula mitral.

PVP: Polivinilpirrolidona

PVR: Proliferación vitreorretiniana o Proliferative vitreo retinopathy (Retinopatía vítrea proliferativa).

PVY: Presión venosa yugular / Pulso venoso yugular.

Pw: Presión capilar pulmonar.

PXF: Pseudoexfoliación.

PyD: Parametrio y Douglas.

Q: Flujo sanguíneo (volumen/tiempo), farmacocinética / Parte inicial del complejo QRS del electrocardiograma / Quimioterapia / Quiste.

q: Brazo largo del cromosoma.

QB: Quiste broncógeno.

QC: Quality control (Control de calidad) / Queratoconjuntivitis / Quimioterapia complementaria.

QCA: Quantitative coronary angiography (Angiografía coronaria cuantitativa).

QCO: Quirúrgico.

QM: Quilomicrones È Quiste meniscal.

QMT: Quimioterapia.

QO2: Aporte de oxígeno a los tejidos.

QOA: Quiste óseo aneurismático.

QP: Quimioprofilaxis / Quiste pancreático / Quiste pulmonar.

Qp: Flujo (hemático) pulmonar.

Qp/Qs: Relación entre el flujo pulmonar y el sistémico.

QR: Quimiorradioterapia.

QRS: Quiste renal simple / Parte del trazado del electrocardiograma que representa la despolarización ventricular.

QRT: Quimiorradioterapia.

Qs: Flujo sistémico.

QSC: Quiste sacrocoxígeo.

QT: Distancia entre la onda Q y la T en el ECG / Quimioterapia.

Qt: Gasto cardiaco.

QTc: Intervalo QT corregido.

QTL: Intervalo QT largo.

QTP: Quimioterapia

QT-RT: Quimiorradioterapia.

Querat-: Prefijo en relación con córnea.

Quimio.: Quimioterapia.

Quin(et)-: Prefijo en relación con movimiento.

Quir-: Prefijo en relación con mano.

R: Radioterapia / Remisión / Renal / Resistente / Respiración / Riñón / Roentgen, unidad internacional de la radiación x o gamma.

r: Cromosoma en anillo.

R1: Primer tono cardiaco / Residente de primer año.

R2: Residente de segundo año / Segundo tono cardiaco.

R3: Residente de tercer año / Tercer tono cardiaco.

R4: Cuarto tono cardiaco.

RA: Rechazo agudo / Regurgitación aórtica / Reproducción asistida.

Ra: Símbolo químico del radio.

RAB: Resección anterior baja (de recto).

RABA: Rotura artificial de la bolsa de las aguas.

RAD: Radiología (Servicio de) / Reacción adversa a los medicamentos.

Rad-: Prefijo en relación a raíz.

rad: Radiation absorbed dose (dosis absorbida de radiación). Es una unidad de medida de la dosis absorbida de radiación ionizante (100 rad equivalen a 1 Gy).

RAE: Rinitis alérgica estacional.

Rafia: Sutura.

RAM: Reacción adversa a medicamento. Es sinónimo de efecto adverso a un medicamento.

RAO: Retención aguda de orina.

RAP: Resección abdominoperineal / Rinitis alérgica perenne.

Raqui-: Prefijo en relación con columna vertebral.

Raqui.: Raquianestesia.

RAS: Radiografía de abdomen simple.

RAST: Radioallergosorbent test (Prueba de radioalergosorbencia).

RBA: Revisión bajo anestesia.

RBE: Relative biologic effectiveness (Eficacia biológica relativa).

RC: Remisión completa / Reserva coronaria.

RC1: Primera remisión completa.

RC2: Segunda remisión completa.

RCCL: Radiografía de columna cervical lateral.

RCD: Radiografía de columna dorsal / Reborde costal derecho / Reserva coronaria distólica.

RCI: Reborde costal izquierdo.

RCIU: Retraso del crecimiento intrauterino.

RCL: Radiografía de columna lumbar.

RCP: Reacción en cadena de la polimerasa / Reflejo cutáneo-plantar / Registro de casos psiquiátricos / Responsabilidad civil profesional / Resucitación cardiopulmonar.

RCT: Race-Coombs test (Prueba de RaceCoombs) / Randomized controlled trials (Ensayos aleatorizados y controlados).

RCTG: Registro cardiotocográfico.

RCTP: Revascularización coronaria transluminal percutánea.

RD: Retinopatía diabética / Riñón derecho.

RDF: Radiofrecuencia.

RDNP: Retinopatía diabética no proliferativa.

Rdo.: Resultado.

RDP: Retinopatía diabética proliferativa.

RDS: Respiratory distress syndrome (Síndrome de distrés respiratorio).

RDT: Radioterapia.

RDW: Red cell distribution width (Banda de distribución de hematíes).

RE: Receptor estrogénico / Recomendaciones especiales / Recto externo / Reflujo esofágico.

Re: Renina.

REBA: Rotura espontánea de la bolsa de las aguas.

REC: Recaída / Recidiva.

Recidiva: Repetición de una enfermedad poco después de terminada la convalecencia. Aparición de un tumor en el mismo órgano donde fue extirpado otro de la misma naturaleza.

Recidiva tumoral: Aparición de un tumor en el mismo órgano donde fue extirpado otro igual. Se codifica como tumor primario. Si reaparece en otro lugar se codifica como metástasis. A veces, el médico dice recidiva pero la Anatomía Patológica demuestra que es otro tumor. En otras ocasiones, el médico diagnostica una neoplasia de útero recidivada en una paciente a la que se le extirpó completamente ese órgano previamente al tratar el tumor primario. En este caso se trata de una metástasis en otro órgano.

REDMO: Registro español de donantes de médula ósea.

Ref: Referencia bibliográfica.

REG: Regular estado general.

Regurgitación: Flujo retrógrado. Aplicado a una válvula cardiaca es sinónimo de insuficiencia.

REH: Rehabilitación (Servicio de).

REL: Retículo endoplásmico liso.

REM: Radiaciones electromagnéticas / Rapid-eye movement (Movimiento ocular rápido) È Rotura espontánea de membranas.

Remisión: Es un término usado en oncología para definir una fase en la evolución de una neoplasia maligna tratada en la que no se puede detectar la presencia de la enfermedad por la clínica ni por las exploraciones complementarias. Se usa durante los primeros años de la enfermedad pues si sigue en remisión más de 3 o 4 años se denomina curación.

Rep.: Reproducción.

RER: Retículo endoplásmico rugoso. Rescate de prótesis: Recambio de prótesis.

RESCUE: Registro sanitario de códigos útiles para emergencias.

Resec.: Resección.

Retro.: Retroinserción / Retroposición.

REU: Reumatología (Servicio de).

REVA: Reparación del (músculo) elevador por vía anterior.

RF: Radiofrecuencia / Recuento (de hematíes, leucocitos y plaquetas) y fórmula (leucocitaria).

RFC: Reacción de fijación de complemento / Reserva de flujo coronario.

RFLP: Restriction fragment length polymorphism (Polimorfismo en la longitud de los fragmentos de restricción o polimorfismo del DNA).

RG: Recomendaciones generales.

RGE: Reflujo gastroesofágico.

RH: Receptores hormonales.

Rh: Abreviatura del factor Rhesus (antígenos presentes en la membrana delos leucocitos) / Símbolo del rodio.

RHA: Rechazo hiperagudo / Ruidos hidroaéreos.

RHB: Rehabilitación (Servicio de).

rHu-EPO: Recombinant human erythropoietin (Eritropoyetina humana recombinante).

RI: Radiaciones ionizantes / Recto Interno / Resistencia a la insulina / Respuesta inmune / Riñón izquierdo.

RIA: Radioimmunoassay (Radioinmunoanálisis).

Riboflavina: Vitamina B2.

RIE: Radioinmunoensayo.

RIHSA: Radio-iodinated human serum albumin (Seroalbúmina humana radioyodada).

RIL: Reacción injerto contra leucemia.

Rin-: Prefijo en relación con nariz.

RIND: Reversible ischemic neurologic déficit (Déficit neurológico isquémico reversible).

RIO: Radioterapia intraoperatoria.

RIP: Radioinmunoprecipitación / Requiescat in pace (descanse en paz). Hace referencia a mortalidad.

RIST: Radioimmunosorbent test (Prueba de radioinmunosorbencia).

RIVA: Ritmo idioventricular acelerado.

RIVD: Relajación isovolumétrica diastólica.

Rives: Técnica de hernioplastia con malla.

RKIP: Proteína del inhibidor de la Rafcinasa.

RLX: Recesivo ligado al cromosoma X.

RM: Regurgitación mitral. / Resonancia magnética.

RMN: Resonancia magnética nuclear.

RMO: Retirada de material de osteosíntesis.

RN: Recién nacido. Los RN se clasifican por dos criterios: la edad gestacional al nacer y la adecuación del peso al nacer con la edad gestacional. Por la edad gestacional al nacer pueden ser:

RNT: Recién nacido a término: entre igual o mayor de 37 y menos de 42 semanas.

RNpos: Recién nacido postérmino: 42 semanas o más.

RNpre: Recién nacido pretérmino: menos de 37 semanas. Por la adecuación del peso al nacer con la edad gestacional pueden ser:

RNpre PAEG

RNpre PBEG

RNpre PEEG

RNpos PAEG

RNpos PBEG

RNpos PEEG

RNT PAEG

RNT PBEG

RNT PEEG

RN PEG: Recién nacido pequeño para la edad gestacional.

RNA: Ribonucleic acid (Ácido ribonucleico).

RNAT: Recién nacido a término.

RNAT PAEG: Recién nacido a término con peso adecuado para la edad gestacional.

RNBP: Recién nacido de bajo peso.

RNM: Resonancia nuclear magnética.

RNMP: Resonancia nuclear magnética con fósforo.

RNP: Recién nacido patológico / Recién nacido pretérmino (o prematuro) / Ribonucleoproteína.

RNP APEG: Recién nacido pretérmino con adecuado peso para la edad gestacional.

RNP BPEG: Recién nacido pretérmino con bajo peso para la edad gestacional.

RNpre: Recién nacido pretérmino.

RNpre PAEG (o PAG): Recién nacido pretérmino con peso adecuado para la edad gestacional.

RNpre PBEG (o PBG): Recién nacido pretérmino con peso bajo para la edad gestacional.

RNpre PEEG (o PEG): Recién nacido pretérmino con peso elevado para la edad gestacional.

RNpos: Recién nacido postérmino.

RNpos PAEG (o PAG): Recién nacido postérmino con peso adecuado para la edad gestacional.

RNpos PBEG (o PBG): Recién nacido postérmino con peso bajo para la edad gestacional.

RNpos PEEG (o PEG): Recién nacido postérmino con peso elevado para la edad gestacional.

RNS: Recién nacido sano.

RNT: Recién nacido a término.

RNT AEG: Recién nacido a término (con peso) adecuado para la edad gestacional.

RNT APEG: Recién nacido a término con adecuado peso para la edad gestacional.

RNT BPEG: Recién nacido a término con bajo peso para la edad gestacional.

RNT GEG: Recién nacido a término grande para la edad gestacional.

RNT PAEG (o PEG): Recién nacido a término con peso adecuado para la edad gestacional.

RNT PBEG (o PBG): Recién nacido a término con peso bajo para la edad gestacional.

RNT PEEG (o PEG): Recién nacido a término con peso elevado para la edad gestacional.

RNT PEG: Recién nacido a término pequeño para la edad gestacional.

RNV: Recién nacido vivo.

RO: Rastreo óseo.

ROC: Reflejo oculocefálico.

ROP: Retinopatía oftálmica del prematuro.

ROSS (Operación de): Consiste en resecar la válvula aórtica y en su lugar se coloca la válvula pulmonar del paciente. En el lugar de la válvula pulmonar se coloca una prótesis valvular biológica (homoinjerto).

ROT: Reflejo osteotendinoso.

ROV: Reflejo oculovestibular.

RP: Remisión parcial / Resistencia pulmonar / Retroperitoneal.

RPA: Reumatismo poliarticular agudo.

RPAP: Radiografía de pelvis anteroposterior.

RPB: Rotura prematura de bolsas.

RPBF: Riesgo de pérdida de bienestar fetal. Equivale a sufrimiento fetal.

RPM: Ruptura prematura de membranas.

rpm: Respiraciones por minuto / Revoluciones por minuto.

RPMP: Ruptura prematura de membranas pretérmino.

RPPC: Respiración con presión positiva continua.

RPPI: Respiración con presión positiva intermitente.

RPR: Rapid plasma reagin test (Prueba de la reagina plasmática rápida. Se usa para la sífilis).

RPTA: Es un trombolítico.

RQ: Radioquimioterapia.

RQT: Radioquimioterapia.

RR: Ruidos respiratorios / Rutkow Robbins. Es una hernioplastia con malla.

-rrafia: Sufijo que significa sutura.

-rragia: Sufijo que significa flujo anormal o excesivo.

-rrea: Sufijo que significa flujo o descarga.

RRN: Reanimación de recién nacido.

RS: Ritmo sinusal.

RS3PE: Remiting seronegative symetrica synovitis with pitting edema (Sinovitis simétrica seronegativa remitente con edema con fóvea distal).

RSC: Radiografía simple de cráneo / Rectosigmoidoscopia / Recuento sanguíneo total.

RsCsAs: Ruidos cardiacos arrítmicos.

RsCsRs: Ruidos cardiacos rítmicos.

RSN: Ritmo sinusal normal.

RSV: Respiratory syncytial virus (Virus respiratorio sincitial) / Rous sarcoma virus (Virus del sarcoma de Rous).

RT: Radioterapia / Reabsorción tubular/ Regurgitación tricuspídea.

Rt.: Reticulocitos.

RTA: Reacción transfusional aguda / Reflejo del tendón de Aquiles / Rotura del tendón de Aquiles.

RTAP: Radiografía de tórax anteroposterior.

RTL: Radiografía de tórax lateral.

RT-MX: Radioterapia y metotrexato.

Rto.: Reconocimiento.

r-TPA: Recombinant tissue plasminogen activator (Activador tisular del plasminógeno recombinante).

RT-QT: Radioquimioterapia.

RTS: Revised trauma score (Puntuación para traumatismos revisada)

RTU: Resección transuretral. Técnica quirúrgica de resección de una lesión realizada a través de la uretra.

RTUP: Resección transuretral de próstata.

RTV: Resección tranvesival È Ritonavir.

RUA: Retención urinaria aguda.

Rutkow-Robbins: Técnica de hernioplastia con malla.

RV: Residual volume (Volumen residual).

RVA: Radiografía de vegetaciones adenoideas/ Recambio valvular aórtico.

RVAo: Recambio valvular aórtico.

RVM: Recambio valvular mitral.

RVO: Reflejo vestíbuloocular.

RVU: Reflujo vesicoureteral.

Rx: Radiografía.

RxT: Radiografía de tórax / Radioterapia.

S: Sacro / Sangre / Semana / Sensible/ Servicio / Símbolo químico delazufre / Síndrome / Sistólico.

s: En el Sistema Internacional de Unidades, símbolo del segundo (unidad de tiempo).

S1, S2, S3, S4 y S5: 1ª, 2ª, 3ª, 4ª y 5ª vertebras sacras.

Sº: Servicio.

s. i.: Sin interés.

SA: Sinoauricular.

Sa: Saturación en sangre arterial.

SAAF: Síndrome de anticuerpos antifosfolipídicos.

SAAP: Síndrome de atrapamiento de la arteria poplítea.

SACYL: Servicio de Salud de Castilla y León.

SAD: Sustracción angiográfica digital.

SADC: Servicio de Admisión y Documentación Clínica.

SADS: Schedule for Affective Disorders and Schizophrenia (Cuestionario para los trastornos afectivos y la esquizofrenia).

SAF: Síndrome antifosfolipídico.

SAFL: Síndrome antifosfolipídico.

SAGE: Servicio de apoyo a la gestión de enfermos.

SAHOS: Síndrome de apnea e hipopnea obstructiva del sueño.

SAHS: Síndrome de apnea e hipopnea del sueño.

SAI: Sine alter indicatio (sin otra medicaclón) / Sine alter inscriptione (sin otra especificación).

Salping-: Prefijo que significa trompa (de Falopio o de Eustaquio).

SAM mitral: Movimiento sistólico anterlor del velo anterior mitral.

SAMR: Staphylococcus aureus meticilinorresistente (o multirresistente).

SAMS: Staphylococcus aureus meticilinosensible.

SAMUR: Servicio de asistencia municipal de urgencia y rescate.

SAO: Síndrome de abstinencia a opiáceos.

SAOS: Síndrome de apnea obstructiva del sueño.

SAP: Servicio de atención al paciente.

SAPU: Servicio de atención al paciente y usuario.

SARM: Staphylococcus aureus resistente a meticilina.

SAS: Servicio Andaluz de Salud È Síndrome de apnea del sueño.

SASM: Staphylococcus aureus sensible a meticilina.

Sat.: Saturación.

SatO2: Saturación de Oxígeno.

SB: Situación basal.

SBF: Situación basal funcional.

SC: Seno coronario / Sin corrección / Síndrome carcinoide / Síndrome de Cushing / Subcutáneo / Superficie cutánea.

sc: Subcutáneo.

SCA: Síndrome cerebral agudo / Síndrome confusional agudo / Síndrome coronario agudo.

SCACEST: Síndrome coronario agudo con elevación del ST. Puede corresponder a un IAM no Q o a una angina inestable.

SCAEST: Síndrome coronario agudo con elevación del ST. Puede corresponder a un IAM no Q o a una angina inestable.

SCAN: Schedules for Clinical Assesement in Neuropsychistry (Cuestionarios para la evaluación clínica en neuropsiquiatría).

SCANEST: Síndrome coronario agudo no elevación del ST. Puede corresponder a un IAM no Q o a una angina inestable.

SCASEST: Síndrome coronario agudo sin elevación del ST. Puede corresponder a un IAM no Q o a una angina inestable.

Scanner: Explorador (en inglés). Se usa como sinónimo de TAC.

SCBH: Síndrome de Claude-BernardHorner.

SCC: Short course chemotherapy (ciclo corto de quimioterapia).

SCID: Síndrome de coagulación intravascular diseminada È Structured Clinical Interview for DSM. (Entrevista clínica estructurada para los trastornos del DSM).

SCIH: Síndrome del corazón izquierdo hipoplásico.

SCQ: Superficie corporal quemada.

SCS: Servei Català de la Salut (Servicio Catalán de la Salud) / Spinal cord stimulation (Estimulación de la médula espinal).

SCU: Sangre de cordón umbilical.

SCVCS: Síndrome de compresión de la vena cava superior.

SD: Sobredosis / Soplo diastólico.

Sd.: Síndrome.

SDD: Síndrome de demencia depresiva.

SDR: Síndrome de dificultad respiratoria.

Sdr.: Síndrome.

SDRA: Síndrome de dificultad respiratoria aguda / Síndrome de dificultad respiratoria del adulto.

SDRI: Síndrome de dificultad respiratoria idiopático.

Sdto.: Sedimento.

SE: Sin especificar.

Secuestro: Fragmento de tejido óseo muerto que se ha separado del hueso sano.

Sed.: Sedimento.

SEDOM: Sociedad Española de Documentación Médica.

SEHP: Sociedad Española de Hematología Pediátrica.

sem: Semana.

SEMR: Staphylococcus epidermidis meticilinorresistente.

SEMS: Staphylococcus epidermidis meticilinosensible.

SEP: Síndrome extrapiramidal.

Seps-: Prefijo en relación con infección.

Sept-: Prefijo en relación con infección.

SERGAS: Servicio Gallego de Salud.

SERVAS: Servicio Valenciano de Salud.

SES: Servicio Extremeño de Salud.

SESCAM: Servicio de Salud de Castilla La Mancha.

SESPA: Servicio de Salud del Principado de Asturias.

SEST: Sin elevación del (segmento) ST.

SEU: Servicio de Urgencias.

Seudo : Prefijo en relación con falso.

SF: Sabin-Feldman, prueba / Síndrome de Fanconi / Síndrome febril / Situación funcional / Subfrénico / Suero fisiológico / Sufrimiento fetal.

SF6: Exafluoruro de azufre (gas utilizado para reemplazar el humor vítreo y mantener la retina).

SFA: Síndrome febril agudo / Sufrimiento fetal agudo.

SG: Semana de gestación / Síndrome general / Suero glucosado / Swan-Ganz, catéter.

SG5%: Suero glucosado al 5%.

SGA: Streptococcus group A (Estreptococodel grupo A).

SGaw: Specific airway conductance (Conductancia específica de la vía aérea).

SGB: Síndrome de Guillain-Barré / Streptococcus del grupo B.

SGE: Síndrome general.

SGOT: Serum glutamic oxalacetic transaminase (Transaminasa glutamicoxalacética sérica).

SGPT: Serum glutamic pyruvic transaminase (Transaminasa glutamicopirúvica sérica).

SGS: Suero glucosalino.

SH: Sin hallazgos.

SHBG: Sex-hormone binding globulin (Globulina fijadora de las hormonas sexuales).

SHI: Síndrome de hipertensión intracraneal / Síndrome hipereosinófilo idiopático.

Shouldice: Técnica de herniorrafia sin malla.

SHP: Sin hallazgos patológicos.

SHR: Síndrome hepatorrenal.

SHU: Síndrome hemolítico urémico.

SHVO: Síndrome de hipoventilaciónobesidad.

SI: Sacroilíaco / Safena interna / Sin interés / Sistema Internacional de Unidades.

Si: Símbolo químico del silicio.

SIA: Septo interauricular / Síndrome isquémico agudo.

SIADH: Syndrome of inappropiate antidiuretic hormone (Síndrome de secreción inadecuada de hormona antidiurética).

Sial-: Prefijo en relación con saliva.

SID: Sacroilíaca derecha.

SIDA: Sacroilíaca derecha anterior, posición fetal / Síndrome de inmunodeficiencia adquirida.

SIDP: Sacroilíaca derecha posterior, posición fetal.

SIDT: Sacroilíaca derecha transversa, posición fetal.

SIHAD: Secreción inadecuada de hormona antidiurética, síndrome.

SII: Sacroilíaca izquierda È Síndrome del intestino irritable.

SIIA: Sacroilíaca izquierda anterior, posición fetal.

SIIP: Sacroilíaca izquierda posterior, posición fetal.

SIIT: Sacroilíaca izquierda transversa, posición fetal.

SIL: Squamous intraepithelial lesión (Lesión intraepitelial escamosa).

SIL de alto grado: Es un carcinoma in situ de cervix uterino. Equivale a CIN II o a CIN III cuando se refiere al cuello uterino.

SIL de bajo grado: Es una displasia simple de cervix uterino. Equivale a CIN I.

SIM: Sistema de información médica.

Síndr: Síndrome.

Síndrome de Brugada: Arritmia con corazón estructuralmente normal. Taquicardia o fibrilación ventricular que puede ocasionar muerte súbita.

Síndrome de Dressler: Inflamación del pericardio tras un IAM. Es lo mismo que Pericarditis epistenocárdica o Síndrome postinfarto.

Síndrome del QT largo: Trastorno de la conducción cardiaca que puede producir taquicardias ventriculares.

Síndrome postinfarto: Inflamación del pericardio tras un IAM. Es lo mismo que el Síndrome de Dressler o la pericarditis epistenocárdica. Síndrome X: Angina miocárdica con arterias coronarias normales.

SIT: Situs inversus torácico.

SIV: Septo interventricular.

SK: Sarcoma de Kaposi / Streptokinase (Estreptocinasa).

SKT: Síndrome de Klippel-Trenaunay.

SL: Second look (Cirugía de segunda observación) / Simpatectomía lumbar/ Streptolysin (Estreptolisina) / Sublingual.

sl: Sublingual.

SLB: Simpatectomía lumbar bilateral.

SLD: Simpatectomía lumbar derecha.

SLE: Systemic lupus erythematosus (Lupus eritematoso sistémico) / Supervivencia libre de enfermedad.

SLI: Simpatectomía lumbar izquierda.

SLM: Síndrome del lóbulo medio.

SLP: Síndrome linfoproliferativo.

SLPC: Síndrome linfoproliferativo crónico.

SM: Serie metastásica / Síndrome de Marfan / Siringomielia.

SMA: Síndrome de malabsorción / Síndrome de meningitis aséptica / Smooth muscle antibody (Anticuerpo anti músculo liso).

SMAC: Sequential multiple analysis computed (Analizador secuencial múltiple computarizado).

SMAI: Síndrome de malabsorción intestinal.

SMD: Síndrome mielodisplásico / Soplo mesodiastólico.

Sme.: Síndrome.

SMF: Sistema mononuclear fagocítico.

SMH: Síndrome de la membrana hialina.

SMI: Síndrome de malabsorción intestinal.

SMP: Síndrome mieloproliferativo.

SMPC: Síndrome mieloproliferativo crónico.

SMS: Servicio Murciano de Salud / Síndrome de la muerte súbita / Soplo mesosistólico.

SMSF: Síndrome de la muerte súbita frustrada.

SMSI: Síndrome de la muerte súbita inexplicable / Síndrome de muerte súbita infantil.

SMSL: Síndrome de la muerte súbita del lactante.

SMT: Somatostatina.

SMW: Síndrome de Mallory-Weiss.

SMX: Sulfametoxazol.

SN: Serología negativa / Síndrome nefrótico / Sistema nervioso.

Sn: Símbolo químico del estaño.

SNA: Síndrome nefrítico agudo È Sistema nervioso autónomo.

SNC: Sistema nervioso central.

SNCM: Síndrome nefrótico a cambios mínimos.

SNG: Síndrome del niño golpeado È Sonda nosogástrica / Surco nasogeneano.

SNM: Síndrome neuroléptico maligno.

SNS: Servicio Nacional de Salud È Sistema nervioso simpático.

SNOMED: Sistematized nomenclature of medicine (Nomenclatura sistematizada de medicina). Es una nomenclatura orientada hacia la historia clínica que sólo se ha extendido en los servicios de Anatomía Patológica.

SNP: Sistema nervioso periférico / Sodium nitroprussiade (Nitroprusiato sódico).

SNV: Sistema nervioso vegetativo.

SO: Salpingooforectomía / Segunda opinión.

SOG: Sobrecarga oral de glucosa.

SOH: Sangre oculta en heces / Síndrome de obesidad-hipoventilación.

Somato-: Prefijo que significa relación con el cuerpo.

SOP: Síndrome del ovario poliquístico.

SOPQ: Síndrome del ovario poliquístico.

SP: Sacropubiana, posición fetal / Sangre periférica / Sarampión-Parotiditis / Serología positiva / Síndrome paraneopl ásico.

SPCA: Serum prothrombin conversión accelerator (Acelerador de la conversión de la protrombina sérica).

SPE: Serum protein electrophoresis (Electroforesis de proteínas séricas).

SPECT: Single photon emission computed tomography (Tomografía computarizada por emisión de fotón simple).

SPF: Solar protection factor (Factor de protección solar) È Specific pathogen free (Libre de agentes patógenos específicos).

SPIT: Shunt portosistémico intrahepático transyugular.

SPJ: Síndrome de Peutz-Jeghers.

SPL: Según pauta de laboratorio.

SPVM: Síndrome de prolapso de la válvula mitral.

SQTL: Síndrome del QT largo.

SR: Sin receta / Síndrome de Reiter.

SRA: Sistema renina-angiotensina.

SRAA: Sistema renina angiotensinaaldosterona.

SRAS: Síndrome respiratorio agudo severo.

SRE: Sistema reticuloendotelial.

SRI: Síndrome de resistencia a la insulina.

SRIS: Síndrome de respuesta inflamatoria sistémica.

SRS: Slow reacting substance (Sustancia de reacción lenta).

SRS-A: Slow reacting substance of anaphylaxis (Sustancia de reacción lenta de la anafilaxia).

SRV: Supervivencia.

SS: Salmonella-Shigella / Seguridad social / Shock séptico / Sin soplos / Síndrome de Serazy / Síndrome de Sjögren / Soplo sistólico.

SSA: Síndrome subacromial.

SSADH: Síndrome de secreción inadecuada de hormona antidiurética.

SSF: Suero salino fisiológico.

SSIADH: Síndrome de secreción inadecuada de hormona antidiurética.

SST: Síndrome de shock tóxico.

ST: Sacrotransversa, posición fetal / Sangre total / Secreción tubular / Segmento del electrocardiograma entre la onda S y la T / Síndrome de Turner.

STC: Síndrome del túnel carpiano.

STD: Si tiene dolor.

Stem-cell: Células madre.

STH: Según técnica habitual /Somatotrophic Hormone (Hormona somatotrofica).

Stoppa: Técnica de hernioplastia con malla.

STPD: Standard temperature and pressure, dry (Condiciones estándar de temperatura y presión barométrica sin vapor de agua).

STV: Silla turca vacía.

SU: Servicio de urgencias.

Sup.: Supositorio.

Susp.: Suspensión.

SVA: Soporte vital avanzado / Sustitución de la válvula aórtica.

SVAT: Soporte vital avanzado de trauma.

SVB: Soporte vital básico.

SVCS: Síndrome de la vena cava superior.

SVP: Sinovitis vellosonodular pigmentada / Sistema venoso profundo.

SVS: Servei Valencia de Salut (Servicio Valenciano de Salud) È Servicio Vasco de Salud / Sistema venoso superficial.

SVS/O: Servicio Vasco de Salud / Osakidetza.

SVV: Síndrome vasovagal.

SWF: Síndrome de Waterhouse-Friderichsen.

SWN: Schwannoma.

SWPW: Síndrome de Wolff-Parkinson-White.

SZE: Síndrome de Zollinger-Ellison.

T: Temperatura / Timo / Torácico o dorsal / Tumor.

t: Tiempo / Translocación.

t½: Tiempo de vida media o periodo de semivida.

t: Símbolo de temperatura (Celsius) / Símbolo de tiempo / Student's t test (Prueba t de Student).

T1, T2, T3, ... T12: 1ª, 2ª, 3ª,...12ª Vértebras torácicas o dorsales. Es lo mismo que D1, D2, D3, ..., D12.

T3: Símbolo de la Triyodotironina. Es una hormona tiroidea.

T4: Símbolo de la Tiroxina. Es la principal hormona segregada por el tiroides y estimula el metabolismo celular.

TA: Temperatura ambiente / Tensión arterial / Tratamiento actual / Traumatismo abdominal.

Tª: Temperatura.

TAB: Tableta / Tifoidea, paratifoidea A y B, vacuna.

Tabl.: Tableta.

TABM: Typhi, paratyphi A y B, melitensis (aglutinaciones).

TAC: Tomografía axial computarizada.

TAD: Tensión arterial diastólica.

TAE: Trastorno afectivo estacional.

TAG: Tolerancia anormal a la glucosa / Trastorno de ansiedad generalizada.

TALMO: Trasplante alogénico de médula ósea.

TALSP: Trasplante autólogo de sangre periférica.

TAM: Tasa anual media / Tensión arterial máxima / Tensión arterial media / Teofilina anhidra micronizada.

TAMO: Trasplante autólogo de médula ósea

Tanato: Raíz o prefijo griego que significa muerte.

TAO: Tratamiento anticoagulante oral / Tromboangeítis obliterante.

TAP: Taquicardia auricular paroxística.

TAPH: Trasplante autogénico de progenitores hematopoyéticos.

TAPP: Tensión arterial postparto.

Taqui-: Prefijo que significa rápido.

TAS: Tensión arterial sistólica.

TASP: Trasplante autólogo (de células progenitoras) de sangre periférica.

TASPE: Trasplante autólogo (de células progenitoras) de sangre periférica.

TAT: Thematic Apperception Test (Test de apercepción temática).

Tax-: Prefijo en relación con clasificación.

TB: Todo bien / Traqueobronquitis / Tuberculina / Tuberculosis.

TBC: Tuberculosis.

Tbc: Tuberculosis.

tbc: Tuberculosis.

TBCP: Tuberculosis pulmonar.

TBD: Terbutalina en bajas dosis / Tuberculosis diseminada.

TBG: Thyroxine-binding globulin (Globulina transportadora de tiroxina).

TBL: Trabeculectomía.

TBMR: Tuberculosis multirresistente.

TBP: Tuberculosis pulmonar.

TBPA: Thyroxine-binding prealbumin (Prealbúmina transportadora de tiroxina).

TBQ: Tabaquismo.

TC: Tendón del cuádriceps / Tiempo de coagulación / Tomografía computarizada / Trasplante cardiaco / Tumor carcinoide.

Tc: Símbolo químico del tecnecio.

Tc99: Tecnecio 99. Se usa en medicina nuclear.

3TC: 2´-desoxi-3´-tiacitidina lamivudina.

TCA: Tiempo de coagulación activado/ Trastorno de la conducta alimentaria.

TCC: Terapia cognitivo-conductual / Tomografía computarizada cuantitativa.

TCE: Traumatismo craneoencefálico.

TCEC: Tiempo de circulación extracorpórea.

TCF: Tamaño, consistencia y forma.

TCGV: Transposición completa de los grandes vasos.

TCI: Tronco coronario izquierdo.

TCP: Trigonocervicoprostatectomía.

TCPH: Trasplante de células progenitoras hematopoyéticas.

TCP/IP: Transmission Control Protocol/Internet Protocol (Protocolo de control de transmisión/protocolo de Internet).

TCRF: Termocoagulación por radiofrecuencia.

TCS: Tejido celular subcutáneo.

TCT: Telecobaltoterapia / Tirocalcitonina.

TD: Testículo descendido / Tuberculosis diseminada / Túbulo distal.

TDA: Trastorno por déficit de atención.

TDAH: Trastorno por déficit de atención e hiperactividad.

TDM: Trastorno depresivo mayor.

TE: Transcavidad de los epiplones / Trombocitemia esencial / Trombocitopenia esencial / Tromboembolia /Trompa de Eustaquio.

TEA: Tetraetilamonio /Tromboendarterectomía.

TEAC: Tromboendarterectomía carotídea.

TEC: Tratamiento con electrochoque (o terapia electroconvulsiva).

TEG: Tromboelastograma.

TEGD: Tránsito esofagogastroduodenal.

Tejido: Conjunto de células diferenciadas de un organismo que tienen la misma estructura y análoga función.

Tele-: Prefijo en relación con fin.

TEM: Trietilenomelamina.

TENS: Transcutaneous electronic nerve stimulation (Electroestimulación transcutánea de nervios).

TEP: Tomografía de emisión de positrones/ Total extraperitoneal patch (Malla extraperitoneal total) / Tromboembolismopulmonar.

TEPA: Tromboembolismo pulmonar agudo.

TEPT: Trastorno por estrés postraumático.

Tera(t)-: Prefijo en relación con monstruosidad.

Terap-: Prefijo en relación con tratamiento.

TES: Técnico de emergencia sanitaria.

TESA: Testicular sperm aspiration (Aspiración testicular de esperma).

Test.: Testosterona.

TF: Tetralogía de Fallot / Tonos fetales.

TFC: Tamaño, forma y consistencia.

TG: Tioguanina / Tiroglobulina / Triglicéridos.

TGA: Trasposición de las grandes arterias.

TGL: Triglicéridos.

TGO: Transaminasa glutámico oxalacética.

TGP: Transaminasa glutámico pirúvica.

TGV: Thoracic gas volume (Volumen de gas torácico) / Trasposición de los grandes vasos.

José Joaquín Espinosa de los Monteros Sarmiento

TH: T-cell helper (Célula T colaboradora) / Técnica habitual / Tiempo de hemorragia / Tiroiditis de Hashimoto / Trasplante hepático.

Th: Símbolo químico del torio.

TH1: T-cell helper 1 (Célula T colaboradora 1)

TH2: T-cell helper 2 (Célula T colaboradora 2)

THC: Tetrahidrocannabinol (Cannabis, hachís, principio activo de la marihuana).

THF: Tetrahidrofolato.

Thierry (Espátulas de): Espátulas utilizadas para una de las formas de parto instrumentalizado.

THO: Trasplante hepático ortotópico.

THS: Terapia hormonal sustitutiva.

TI: Tasa de incidencia / Tórax inestable.

Ti: Símbolo químico del titanio.

TIA: Transient ischemic attack (Accidente isquémico transitorio).

Tiamina: Vitamina B1.

TIFF: Tiffeneau (Índice de).

TIG: Tetanus immunoglobulin (Inmunoglobulina tetánica) / Transferencia intratubárica de gametos.

TIMI: Thrombolysis in miocardial infarction (Estudio de la trombolisis en el infarto de miocardio).

TIN: Terapia intensiva neonatal.

TIPS (o TIPSS): Transjugular intrahepatic portosystemic shunt (Comunicación portosistémica intrahepática transyugular). Es una prótesis tubular implantada por vía yugular para hacer una derivación porto-cava.

TIS: Tarjeta de identificación sanitaria.

TIV: Tabique interventricular.

TIVA: Total intravenous anesthesia (anestesia total intravenosa).

TL: Testosterona libre / Tricoleucemia.

TLC: Total lung capacity (capacidad pulmonar total) / Total lung compliance (capacidad de distensión pulmonar total).

TLV: Threshold limit values (Valor umbral).

TM: Talasemia mayor / Tasa de mortalidad / Timpanomastoidectomía / Trapeciometacarpiana, articulación / Tumor / Tumoración.

TMA: Trasplante de membrana amniótica.

TMC: Trapeciometacarpiana, articulación.

TMO: Trasplante de médula ósea.

Tmto.: Tratamiento.

TND: Testículo no descendido.

TNE: Tumor neuroendocrino.

TNF: Tumor necrosis factor (Factor de la necrosis tumoral).

TNI: Troponina I.

TNK: Tenecteplase (Tenecteplasa). Es un fármaco fibrinolítico.

TNM: Inter national classification for tumors, nodes and metastases (Clasificación internacional de tumores, ganglios y metástasis).

TNS: Transcutaneous nerve stimulation (Estimulación nerviosa transcutánea).

TnT: Troponina T (Marcador de necrosis coronaria).

Tº; Tratamiento.

TOC: Trastorno obsesivocompulsivo.

Toco-: Prefijo que indica relación con el parto.

TOD: Tumor de origen desconocido.

TOG: Tolerancia oral a la glucosa.

-tomía: Sufijo que significa incisión, sección, corte.

Tomo: Prefijo o sufijo que indica relación con corte.

Top-: Prefijo en relación con región.

Top.: Tópica.

TORCH: Toxoplasmosis, otras infecciones, rubéola, citomegalovirus, herpes (son microorganismos que producen infecciones intrauterinas y pueden ser causa de malformaciones fetales).

TOS: Thoracic oulet syndrom (Síndrome de la salida del tórax). Llamado tambi én Síndrome del desfiladero torácico o del escaleno anterior.

TP: Tiempo de protrombina / Trasplante pulmonar / Trasplante pancreático / Trombopenia / Tuberculosis pulmonar / Túbulo proximal.

TPA: Tissue plasminogen activator (Activador del plasminógeno tisular) / Tissue popipeptide antigen (Antígeno polipéptido tisular).

tPA: Tissue plasminogen activator (Activador del plasminógeno tisular).

TPH: Trasplante de progenitores hematopoyéticos.

TPHA: Treponema pallidum hemagglutination assay (Análisis de hemaglutinación de Treponema pallidum).

TPI: Treponema pallidum immobilization (Prueba de inmovilización de Treponema pallidum o prueba de Nelson).

TPL: Toracotomía posterolateral / Tronco posterolateral (coronario).

José Joaquín Espinosa de los Monteros Sarmiento

TPN: Triphosphopyridine nucleotide (Nucleótido de trifosfopiridina).

TPR: Tiempo de protrombina.

TPS: Taquicardia paroxística supraventricular.

TPSP: Trasplante de progenitores de sangre periférica.

TPSV: Taquicardia paroxística supraventricular.

TPT: Tiempo parcial de tromboplastina / Tromboplastina tisular.

TPTA: Tiempo parcial de tromboplastina activada.

TQSV: Taquicardia supraventricular.

TR: Tacto rectal / Tendón rotuliano / Trasplante renal.

TRA: Técnicas de reproducción asistida / Temperatura / Traumatología (Servicio de).

Tra.: Temperatura.

Trat: Tratamiento.

Trauma: Traumatismo / Traumatología (se usa para designar al Servicio de Traumatología).

Traumatismo: Herida, contusión o lesión producida por agentes mecánicos externos.

TRH: Terapia de reemplazo hormonal / Thyrotropin-releasing hormone (Hormona liberadora de tirotrofina).

TRIC: Tracoma inclusion conjunctivitis (Conjuntivitis de inclusión del tracoma).

Tric(o)-: Prefijo que indica relación con pelo.

-tripsia: Sufijo que indica relación con un procedimiento quirúrgico en el que se aplasta una estructura.

TRISS: Trauma and injury severity score (Puntuación de la gravedad de lesiones y traumatismos).

-trix: Sufijo que indica relación con pelo.

tRNA: RNA de transferencia.

Tromb-: Prefijo en relación con coágulo Tromboembolismo pulmonar: Trombosis de vena periférica + embolia pulmonar.

Tromboplastina: Factor III de la coagulación.

-tropina: Sufijo que denota afinidad.

Troquín: Tuberosidad menor del húmero.

Troquiter: Tuberosidad mayor del húmero.

TRS: Tracto respiratorio superior.

Trto.: Tratamiento.

TRV: Tabique rectovaginal.

TS: Taquicardia sinusal / Taquicardia supraventricular.

TSA: Troncos supraaórticos. Se suele usar para referirse a las arterias subclavias, tronco braquiocefálico y carótidas.

TSE: Tendón supraespinoso.

TSH: Thyroid-stimulating hormone (Hormona tiroestimulante).

TSP: Taquicardia supraventricular paroxística.

TSV: Taquicardia supraventricular.

TSVD: Trabajo sistólico ventricular derecho / Tracto de salida del ventrículo derecho.

TSVI: Trabajo sistólico ventricular izquierdo / Tracto de salida del ventrículo izquierdo.

TSVP: Taquicardia supraventricular paroxística.

TT: Tiempo de trombina / Tilt test (prueba inclinada) / Tiotepa / Tiroidectomía total / Toxoide tetánico / Transtorácico / Tratamiento / Traumatismo torácico.

TTG: Test de tolerancia a la glucosa.

TTO: Tratamiento.

Tto: Tratamiento.

TTº: Tratamiento.

TTOG: Test de tolerancia oral a la glucosa.

TTP: Tiempo de tromboplastina parcial.

TTPA: Tiempo de tromboplastina parcial activado.

TU: Tacto uterino.

Tum: Tumor / Tumoración.

Tumor: En general, tumefacción o hinchazón circunscrita. Habitualmente, formación de un tejido nuevo y anormal que puede ser benigno o maligno.

Tumor metastásico: Es una neoplasia maligna primaria que ha producido metástasis. Es decir, la expresión «tumor metastásico de pulmón» se refiere a una neoplasia maligna primaria de pulmón que ha desarrollado metástasis en otro órgano. Raras veces, se utiliza «tumor metastásico de pulmón» para referirse a una metástasis en el pulmón y es un uso incorrecto.

Tumor sólido: Tiene un único y localizado punto de origen que se considera localización primaria. Tiende a extenderse a tejidos próximos o a distancia (metástasis) que son localizaciones secundarias.

TV: Tacto vaginal / Taquicardia ventricular / Trichomonas vaginalis / Triple viral.

TVI: Taquicardia ventricular idiopática / Trombo en el ventrículo izquierdo.

TVM: Taquicardia ventricular monomórfica.

TVMS: Taquicardia ventricular monomórfica sostenida.

TVNS: Taquicardia ventricular no sostenida.

TVP: Taquicardia ventricular polimórfica / Toxicómano por vía parenteral / Trombosis de la vena porta / Trombosis venosa profunda.

TVPMI: Trombosis venosa profunda de miembros inferiores.

TVPMS: Trombosis venosa profunda de miembros superiores.

TVPNS: Taquicardia ventricular polimórfica no sostenida.

TVP/TEP: Trombosis venosa profunda con tromboembolia pulmonar.

TVS: Taquicardia ventricular sostenida / Trombosis venosa superficial.

TVSM: Taquicardia ventricular sostenida monomorfa.

TVT: Tension-free vaginal tape (Plastia vaginal libre de tensión).

Tx: Tiroidectomía / Tórax / Trasplante / Tratamiento / Tromboxano.

TXA: Tromboxano A.

TXB: Tromboxano B.

TxC: Trasplante cardiaco.

TxCP: Trasplante cardiopulmonar

TxH: Trasplante hepático.

TxR: Trasplante renal.

U: Unidad / Uracilo / Uranio / Urología /Útero.

UBA: Unidades básicas de atención.

UC: Unidad coronaria.

UCA: Unidad de cirugía ambulatoria.

UCAMI: Unidad clínica de atención médica integral.

UCC: Unidad de cuidados coronarios / Unidad de cuidados críticos.

UCCII: Unión de cuadrantes inferiores (mama).

UCCSS: Unión de cuadrantes superiores (mama).

UCE: Unidad de corta estancia.

UCG: Uretrocistografía.

UCH: Unidad de concentrado de hematíes / Unión catalana de hospitales.

UCI: Unidad de cuidados intensivos.

UCIC: Unidad de cuidados intensivos coronarios.

UCIM: Unidad de cuidados intensivos móvil.

UCIN: Unidad de cuidados intensivos neonatales.

UCIP: Unidad de cuidados intensivos pediátricos.

UCM: Uretrocistografía miccional.

UCMA: Unidad de cirugía mayor ambulatoria.

UCP: Unidad de cuidados paliativos.

UCSI: Unidad de cirugía sin ingreso.

UD: Unidad de desintoxicación / Úlcera duodenal.

UDCA: Unidad de Documentación Clínica y Admisión.

UDE: Unidad de desintoxicación

UDH: Unidad domiciliaria de hospitalización.

UDO: Unidad del dolor / Unidad de observación.

UDP: Uridine diphosphate (Uridindifosfato).

UDPG: Uridine diphosphoglucose (Uridindifosfatoglucosa).

UDT: Unidad de dolor torácico.

UEG: Unión esofagogástrica.

UF: Ultrafiltración.

UFC: Unidad formadora de colonias.

UFM: Uroflujometría.

UGD: Úlcera gastroduodenal.

UGE: Unión gastroesofágica.

UGS: Unidad de gestión sanitaria.

UHD: Unidad de hospitalización a domicilio.

UHT: Ultra high temperature (uperización).

UI: Unidad internacional.

UIV: Urografía intravenosa.

UK: Urokinase (Urocinasa).

UKA: Unidad de King-Armstrong.

UKU: Udvalg für Kliniske Undersogelser (Escala de efectos secundarios).

UMCE: Unidad médica de corta estancia.

UME: Unidad medicalizada de emergencias.

UMer: Unidades Mérieux.

UMI: Úlcera de miembro inferior / Unidad de medicina intensiva.

UMP: Uridine monophosphate (Uridinmonofosfato).

UN: Unidad neonatal / United Nations (Naciones Unidas).

UNESCO: United Nations Educational, Scientific and Cultural Organization (Organización educativa, científica y cultural de las Naciones Unidas).

Ungu-: Prefijo que indica relación con la uña.

UNICEF: United Nations Children´s Emergency Fund (Fondo Internacional de las Naciones Unidas para la ayuda a la infancia).

UO: Unidad de observación / Uropatía obstructiva.

UPA: Unidad ponderada de asistencia.

UPO: Uropatía obstructiva.

UPP: Úlcera perforante de presión.

UPU: Unión pieloureteral.

UR: Última regla / Uretrografía retrógrada.

URG: Urgencias (Servicio de).

URN: Última regla normal.

URO: Urología (Servicio de).

URPA: Unidad de recuperación postanestésica.

URPO: Unidad de recuperación postoperatoria.

URS: Uretrorrenoscopia.

US: Ultrasonidos.

USD: Ultrasonografía Doppler.

USG: Ultrasonografía.

USR: Unheated serum reagin.

UTCA: Unidad de trastornos de la conducta alimentaria.

UTD: Unidad de tratamiento del dolor.

UTE: Unidad de traslado especializado / Unidad territorial de emergencias.

UTI: Unidad de terapia intensiva / Urinary tract infection (infección del tracto urinario).

UTP: Uridine triphosphate (Uridintrifosfato).

UTR: Unidad de extracción y trasplante

UTX: Unidad de desintoxicación.

UV: Ultravioleta.

UVA: Ultraviolet light of the A wavelength (Radiación ultravioleta de longitud de onda A).

UVI: Unidad de vigilancia intensiva.

José Joaquín Espinosa de los Monteros Sarmiento

V: Cinco (número romano) / Vacuna / Vacunación / Vena / Visión o agudeza visual / Voltio / Volumen.

v.: Velocidad.

V1, V2, V3,..., V6 (V1, V2, V3,...V6): Derivaciones unipolares precordiales del electrocardiograma.

VA: Vaciamiento axilar / Ventilación alveolar / Vía aérea / Vitamina A / Volumen alveolar / Voluntades anticipadas.

VAC: Vincristina, actinomicina D y ciclofosfamida, quimioterapia / Vincristina, adriamicina y ciclofosfamida, quimioterapia.

Vaciado: Vaciamiento.

Vaciamiento: Operación de extracción de un líquido (como la sangre) o de un órgano (como el útero o una cadena ganglionar) de una cavidad.

VAD: Vincristina, adriamicina y dexametasona, quimioterapia.

Vag.: Vaginal.

Valvulopatía degenerativa: Valvulopatía no reumática (estenosis o insuficiencia de las válvulas cardiacas).

VAo: Válvula aórtica / Valvulopatía aórtica.

VAT: Vacuna antitetánica.

VATS: Video-assisted thoracic surgery (Cirugía torácica asistida por vídeo).

VAX: Vaciamiento axilar.

VB: Vena basílica / Vertebrobasilar / Vía biliar / Vinblastina y bleomicina, quimioterapia.

VB12: Vitamina B12 o Cianocobalamina.

VBL: Vinblastina.

VBP: Vía biliar principal / Vías biliares y pancreáticas.

VC: Vena cava / Vena cefálica / Vitalcapacity (Capacidad vital) / Volumen corriente.

VCI: Vena cava inferior.

VCG: Vaciado cervicoganglionar / Vectocardiograma.

VCM: Volumen corpuscular medio.

VCNM: Velocidad de conducción de nervios motores / Velocidad de conducción del nervio mediano.

VCR: Vena central de la retina / Vincristina.

VCS: Vena cava superior.

VD: Ventrículo derecho / Vasodilatación / Vasodilatadores.

VDD: Marcapasos por sensado ventricular disparado por sensibilización auricular e inhibido por sensibilización ventricular. Habitualmente se utiliza un solo electrodo.

VDDS: Ventrículo derecho de doble salida.

VDF: Volumen diastólico final o telediastólico.

VDRL: Venereal disease research laboratory (Prueba de laboratorio para la investigación de enfermedades venéreas). Es una prueba de floculación para el diagnóstico de la sífilis desarrollada por el Venereal disease research laboratory en los Estados Unidos.

VE: Vacuoextracción.

VEB: Virus de Epstein-Barr.

VEC: Vincristina, epirrubicina y ciclofosfamida, quimioterapia / Volumen extracelular.

VEMS: Volumen espiratorio máximo por segundo.

VEP: Visual evoked potentials (Potenciales evocados visuales).

Versus: Frente a, comparado con.

Vertex: Vértice, parte más alta del cráneo. Es un tipo de presentación fetal.

Vesico-: Prefijo que indica relación con la vejiga o con una ampolla.

VF: Vaciamiento funcional.

VFS: Volumen de fin de sístole.

VFSVI: Volumen de fin de sístole ventricular izquierdo.

VH: Variable region of the heavy chain (Región variable de las cadenas pesadas [de las inmunoglobulinas]).

VHA: Virus de la hepatitis A.

VHB: Virus de la hepatitis B.

VHC: Virus de la hepatitis C.

VHD: Virus de la hepatitis D.

VHE: Virus de la hepatitis E.

VHH: Virus del herpes humano.

VHH-6: Virus herpes humano tipo 6.

VHS: Virus del herpes simple.

VHSK: Virus herpes del sarcoma de Kaposi.

VI: Ventrículo izquierdo / Volumen de inspiración.

VIC: Válvula ileocecal.

VIH: Virus de la inmunodeficiencia humana.

VIN: Vulvar intraephitelial neoplasia (neoplasia intraepitelial vulvar).

VIN III: Displasia severa de vulva. Es un carcinoma in situ.

VIP: Vasoactive intestinal peptide (Péptido intestinal vasoactivo).

-virus: Sufijo usado en virología para la jerarquía Género.

Vitamina A1: Retinol, axeroftol, biosterol, carotinol, oftalamina.

Vitamina A2: Dehidrorretinol.

Vitamina B1: Tiamina, aneurina.

Vitamina B2: Riboflavina, lactoflavina.

Vitamina B6: Piridoxina, piridoxal, piridoxol.

Vitamina B12: Cianocobalamina, factor extrínseco antipernicioso.

Vitamina C: Ácido ascórbico.

Vitamina D2: Ergocalciferol.

Vitamina D3: Colecalciferol.

Vitamina E: Tocoferol.

Vitamina G: Vitamina B2.

Vitamina H: Biotina.

Vitamina K1: Fitonadiona.

Vitamina K2: Menaquinona.

Vitamina K3: Menadiona.

Vitamina K4: Menadiol.

Vitamina Q: Ubiquinona.

Vitamina T: Carnitina.

VIV: Vía intravenosa.

VK: Vitamina K.

VL: Variable region of the light chain (Región variable de las cadenas ligeras [de las inmunoglobulinas]).

VLDL: Very low density lipoproteins lipoproteína de muy baja densidad).

VM: Válvula mitral / Valvulopatía mitral / Ventilación máxima / Ventilación mecánica / Volumen minuto.

VM-26: Tenipósido.

VMA: Vanillylmandelic acid (Ácido vanililmandélico) / Ventilación mecánica asistida.

Vmáx: Volumen espiratorio máximo.

VMC: Ventilación mecánica continua / Volumen minuto cardiaco.

VMD: Ventilación mecánica domiciliaria.

VMNI: Ventilación mecánica no invasiva.

VN: Valor normal.

VO: Vía oral.

Vº Bº: Visto bueno.

VOP: Vacuna oral de la poliomielitis.

VP: Válvula pulmonar / Valvulopatía pulmonar.

VP-16: Etopósido.

VPB: Vértigo paroxístico benigno / Vértigo posicional benigno.

VPH: Virus del papiloma humano.

VPM: Valva posterior mitral / Valvulopatía mitral / Volumen plaquetario medio.

VPP: Vitrectomía Pars Plana.

VPPB: Vértigo paroxístico posicional benigno.

VR: Vía rectal / Volumen respiratorio / Vulvectomía radical.

VRC: Vaciamiento radical cervical / Vaciamiento radical clásico.

VRE: Volumen de reserva espiratorio.

VRS: Virus respiratorio sincitial.

VS: Velocidad de sedimentación / Vena safena / Vena subclavia / Versus / Vive sano / Volumen sistólico.

vs: Versus.

VSE: Vena safena externa.

VSG: Velocidad de sedimentación globular.

VSH: Vena suprahepática.

VSI: Vena safena interna.

VSR: Virus sincitial respiratorio.

VS/VDF: Volumen sistólico/Volumen telediastólico (fracción de eyección).

VT: Válvula tricúspide È Valvulopatía tricúspide.

VT: Tidal volume (volumen corriente).

VTC: Videotoracoscopia.

VTD: Videotoracoscopia diagnóstica / Volumen telediastólico.

VTDVI: Volumen telediastólico ventricular izquierdo.

VTS: Volumen telesistólico.

VTSVI: Volumen telesistólico ventricular izquierdo.

VV: Vulva y vagina.

VVC: Vía venosa central / Vulvovaginitis cíclica.

VVI: Marcapasos de estimulación ventricular inhibida por sensibilización ventricular / Volumen ventricular izquierdo.

VVIR: Marcapasos de estimulación ventricular inhibida por sensibilización ventricular con respuesta de la frecuencia.

VVP: Válvula ventrículoperitoneal / Vía venosa periférica.

VVZ: Virus varicela-zoster.

vWF: Von Willebrand factor (Factor de von Willebrand).

Vx: Vertex (vértice).

VYE: Vena yugular externa.

VYI: Vena yugular interna.

VZ: Varicela-zoster.

VZV: Varicella-zoster virus (Virus de la varicela-zoster).

W: Símbolo químico del wolframio o tungsteno.

WAIS: Wechsler Adult Inteligence Scale (Test de inteligencia de Wechsler para adultos).

Waters: Es una cesárea extraperitoneal.

WB: Western blot («manchas Western»). Es un análisis de inmunotransferencia de proteínas virales del HIV.

Welti-Eudel: Técnica de hernioplastia con malla.

WHO: World Health Organization (Organización Mundial de la Salud).

WHOQOL: World Health Organization Quality of Life (Instrumento de evaluación de calidad de vida de la Organización Mundial de la Salud).

WISC: Wechsler Intelligence Scale for Children (Test de inteligencia de Wechsler para niños).

WONCA: World Organisation of Family Doctors (Organización mundial de médicos de familia).

WP: W plastia.

WPW: Síndrome de Wolff-Parkinson- White.

X: Xantosina.

x´: Por minuto.

x min: Por minuto.

x tno: Por teléfono.

Xa: Factor X activado, coagulación / Quiasma.

Xe: Símbolo químico del xenón.

XHUP: Xarxa hospitalaria de utilització pública (Red hospitalaria de utilización pública, Cataluña).

XIIa: Factor XII activado, coagulación.

XL: X-linqued (ligado al cromosoma X).

X-LR: X-linqued recesive (Carácter recesivo ligado al cromosoma X).

XMP: Xantosine monophosphate (Xantosinmonofosfato o ácido xantílico).

XOAN: X-linked ocular albinism Nettleship (Albinismo ocular ligado al cromosoma

XP: Xeroderma pigmentoso.

xq: Porque.

XR: X-ray (Rayos X).

XX: Cromosomas femeninos.

XXX: Síndrome de triple X.

XY: Cromosomas masculinos.

Yátrico: Relativo a la medicina o al médico.

Yatrógeno: Producido por el médico o los cuidados médicos.

YE: Yersinia enterocolítica.

YID: Yugular interna derecha.

YII: Yugular interna izquierda.

YPP: Yeso pelvipédico.

YTB: Yeso toracobraquial.

ZAR: Zyoptix Ablation Refinements. Técnica de cirugía refractaria para corregir miopía, hipermetropía y astigmatismo.

ZDV: Zidovudina.

ZE: Zollinger-Ellison.

ZIG: Zoster immunoglobulin (Inmunoglobulina contra el herpes zoster).

ZN: Ziehl-Nielsen, tinción.

Zn: Símbolo químico del zinc.

ZP: Z plastia.

ZTA: Zona de transformación atípica.

www.ingramcontent.com/pod-product-compliance
Lightning Source LLC
Chambersburg PA
CBHW060901170526
45158CB00001B/449